JN064589

クルマの本箱

～絵本からミニカーまで～

内野安彦

クルマの本箱

〜絵本からミニカーまで〜

はじめに

アカデミー賞受賞作品「グリーンブック」を観ました。主演のマハーシャラ・アリやヴィゴ・モーテンセンの演技の素晴らしさは言うまでもありませんが、二人と同じくらいスクリーンに映っていたのは浅葱色と言えばいいのでしょうか、時代設定としては1962年式の新車のキャデラックでした。人種差別が根深く残っていた当時のアメリカ南部を、イタリア系移民の白人を運転手に雇い、後部座席を温めるのは黒人のピアニスト。それだけで周囲には奇異に見られる時代、しかも二人を運ぶ「馬車」は高級車キャデラック。農園で働く黒人労働者にとって、スーツ姿でキャデラックの後席に座るマハーシャラ・アリが演じるドクター・シャーリーに対して、成功者に向けられる羨望の眼差しではなく、その豊かさへの敵視に近いものを感じました。旅先で警察官に尋問を受けるのも、この二人の奇異な主従関係だけが理由ではありません。高級車キャデラックの存在がそうさせたとも思えるのですが、キャデラックというかクルマに無関心な方はこの作品をどのように観られたのでしょうか。

ロードムービーには欠かせないアクターであるクルマが、この作品のように雄弁に時代の狂気を映した作品はそう多くありません。キャデラックはみごとな「キャスティング」であったと思います。これがキャデラックでなく、廉価なファミリーカーであったとしたらミスキャストだったと思います。

私はエンドロールにこの寡黙なアクターの名前というか車名が出てきたら快哉を叫ぶところでしたが、そんな期待は儚く消えました。ロードムービーを観るたびに残念に思います。大役を演じた「役車名」が落ちていますよ、と。

「ミニミニ大作戦」「トランザム７０００」など、作品名に車名が出ているもの以外、よほどのクルマ好きでなければ、スティーヴン・スピルバーグ監督作品「激突！」でタンクローリーに執拗に追われるオレンジ色のクルマも、「テルマ＆ルイーズ」で二人を乗せたオープンカーも、映画が製作された国以外の観客の多くはわからないのではないでしょうか。わからないかといって何か損をしているというものではありませんが、車名がわかれば、欲を言えばそのクルマのスペックなどがわかれば、映画の楽しみ方は違ってくるものと思います。

モンキーパンチのルパン三世と言えば、お馴染みのフィアット500（2代目NUOVA）。ミスター・ビーンと言えば旧ミニ。それほどクルマに関心がなくても、この2台は知っている方が多いのではないでしょうか。では同じくらい馴染みのある刑事コロンボが乗っていたコンパーチブルは？と聞かれたら、おわかりになる日本人は一〇人に一人いるでしょうか。

クルマは大好きだけれども図書館には行かないという人、図書館は大好きだけれどクルマには関心がないという人、この両者に贈る本として2017年に上梓したのが『クルマの図書館コレクション』（郵研社）でした。拙いものではありますが、図書館に関する本は何冊も書いています。しかし、クルマに関するものは初めてでした。というか、クルマと図書館のハーフアンドハーフのような著作でした。しかも、クルマとはいっても巷にあふれる実車について語るものではなく、クルマ絡みの趣味の世界をちょっとだけ語ってみたものでした。

では、どうして、クルマ絡みの趣味の本にせず図書館を混ぜたのか、それには深い理由があるのです。

　この本を読んでいるクルマ好きの方にお尋ねします。「あなたがよく行かれる図書館はクルマの本は充実していますか？」。答えはおそらく「ＮＯ」でしょう。新刊はほとんど並んでいないと思いますし、並んでいるのは隣のまちの図書館と似たり寄ったり。

　クルマの本も図書館の本と同様に、専門書を広く扱う都市部の大型書店か、クルマに特化した棚を「売り」にする書店以外で読者が手にすることは稀です。ロードサイドに多店舗展開する地方の書店では、写真を中心に編まれた本以外、まずお目にかかれないと言ってもいいでしょう。

　図書館について書かれた本であれば、ある程度の規模の図書館では見ることができます。しかしクルマの本となると、書店にも図書館にもないといった現状なのです。

　例えば、斯界では著名な福野礼一郎の著作を例に考えてみます。青森県内の公共図書館に福野氏の著作がどのくらい所蔵されているかを調べてみました。ちなみに、青森を例にしたことに他意はありません。他県も結果は大同小異です。福野氏の著作が所蔵されている図書館は18館中7館、うち所蔵点数が1点のみの館が5館です。自動車評論家として膨大な、かつ優れた著作のある福野礼一郎にして、こういった現状なのです。

あらためて書くまでもないことですが、日本は世界有数の自動車生産国（国内外合わせて）です。そして品質の高さは諸外国の各種調査等でも群を抜いて高く、自動車大国アメリカにおいて日本ブランド車のシェアは4割ほどです。海外メーカーのノックダウン生産（他国や他企業で生産された製品の主要部品を輸入して、現地で組立・販売する方式）で欧米先進国の技術を学んでいた黎明期の国内メーカーは戦後飛躍的な発展を遂げたのです。

２０００年3月から２００５年12月までＮＨＫで放送されたプロジェクトＸには、日産フェアレディZ、スバル３６０、トヨペットクラウン、プリンス（現日産）スカイラインＧＴ及びＲ３８０といった名車の開発秘話はじめ、ホンダのＦ－1優勝、日野自動車のパリ・ダカールラリー挑戦、マツダのロータリーエンジン開発、アメリカの排気ガス規制法の基準値をクリアし世界を驚かせたホンダのＣＶＣＣエンジン開発と、プロジェクトＸならではの悲願達成に向けた市井人の数々の感動的なドラマが制作されました。クルマはこのように日本人の矜持を具現化したものとしても世界に誇れるものであることをどれだけの日本人が知っているでしょうか。

先述したようにクルマの本は、１９７６年に77万部という驚異的なベストセラーとなり、その後の毎年版も堅調なセールスを誇った徳大寺有恒の『間違いだらけのクルマ選び』を除けば、ベストセラーと言われるものはなかなか生まれていません（『間違いだらけのクルマ選び』は、２０１６年版以降は島下泰久の単著）。

大半の図書館では、クルマの本は日本十進分類法に準拠して５３７（自動車工学）の書架に並んでいます。写真を中心としたビジュアル本、メカニック系、自動車評論、運転テクニック指南書などさまざまな本が並んでいます。ちなみに拙著『クルマの図書館コレクション』も、ここに置かれています。

私は二つの自治体の職員として市立図書館の中央館に合わせて14年勤務しました。うち6年は館長を務めましたが、５３７の棚は満足できるものはつくれませんでした。当然のことですが、図書館はたとえ館長を拝命したといえども、自分の趣味の延長で棚をつくることはできません。本が好きであればあるほど、勤務する館の棚と自分の理想とする本の世界との乖離に悩みました。

本書はそんな叶わなかった夢「こんなクルマの本がある図書館が創りたかった」という思いを綴ったものです。そもそもクルマは馬車に代わる移動手段として生まれたものです。そこには必ず運転する人がいて、同乗する家族や乗客がいます。でも図書館の537の「自動車工学」という言葉からは、開け放った窓から大地の息吹を感じたり、クルマと心象風景を重ねたりする人間のドラマは思い描けません。クルマは工業製品でありますが、生まれて消えていくまで、人とのドラマなしには語れないものです。自家用車であれ、商用車であれ、クルマは人が織りなすドラマの舞台にもなります。

もしも、私に図書館を立ち上げる機会が再び巡ってきて、537の棚を好きなようにつくって構わないと言われたら、537のサインは「自動車工学」でも「自動車」でもなく、「クルマのある風景」としたいと思っています。

なお、本書で取り上げる「クルマ」は、サーキット走行用のレーシングカーや、ショベルカーのような作業用重機は扱いませんでした。あらかじめご承知おきください。すべて詰め込もうとすると一冊にはとてもまとめられません。別の機会が巡ってきたならばまとめてみたいと思っています。

内野　安彦

〈目次〉

コーヒーテーブル・ブックス　96

その他　107

寄稿 クルマ好きの嗅覚が紡いだ3人との縁 207

おわりに 236

＊ミニカー写真提供及び
カバーデザイン・イラスト：月田　裕
＊装幀：ma-yu-ya-ta-ke

第1章

私が図書館で
出遇ったクルマ

塩尻市の図書館長だった頃、市民のお宝コレクションを1ヵ月ほどお預かりし、館内にあるショーケースに展示するという企画を実施しました。ミニカーの展示を端緒に、マイコレクションを公共施設の、しかも多くの人で賑わう図書館の人目に付く場所に披露できるならばと、次々と申し出る人が現れ、飛行機のスケールモデル、サンダーバードコレクション、スバル360のミニカーなどを展示しました。それらは図書館とは縁のないと思われるものでしたが、その縁のないと思っていた「もの」たちが、図書館に未利用者を誘い、図書館との縁を結んでくれたのですから、この企画は瓢箪から駒でした。

もともと、このショーケースは、図書館によくある貴重な図書館資料を展示する目的で図書館の備品としたものです。この什器にまさかミニカーを並べようとは思ってもいませんでした。ところが、市民からのミニカーを飾りたいという提案がきっかけで、図書館は市民のお宝を披露する場となることを学びました。図書館は市民のものであるという当然のことを「小さなクルマ」が教えてくれたのです。

次に図書館の講演会のテーマの在り方を教えてくれたのは「クルマの本」で

した。その本とは『クルマの図書館コレクション』です。この本の上梓がきっかけとなり、不思議なテーマの講演依頼をいただくようになりました。

始まりは2017年5月、NPO法人大きなおうちが大磯町立図書館を会場に企画した講演会でした。テーマは「図書館で覗くクルマの世界」。その後、2018年8月には名古屋市（主催：Kiki's Microlibrary、テーマ「カールチュア～クルマの図書館コレクション～」、2019年1月には東京都港区（主催：一般財団法人機械振興協会BICライブラリ、テーマ「自動車と図書館」と続きます。講演回数としては多くはありませんが、他の図書館的なテーマと違い、「クルマと図書館」をテーマにした講演会は独特の熱気があるのです。

図書館が庁内各課または市内の事業所等と連携し、図書館資料の利活用を促進するように、私は「図書館」という言葉では到底呼び込めない市民に対して、「クルマ」の講演を通じて新しいことができることを気づかされました。

私の場合は「クルマ」でしたが、「切手」「Nゲージ」「リカちゃん人形」「こけし」「ウイスキー」など、図書館と市民を結ぶ本以外の「もの」は、いくらでも挙げられます。いかがでしょうか。「図書館」の3文字には反応しなかった方が

「えっ？」と反応する顔が思い浮かびませんか。これらのキーワードが地域の産業であればなおさら面白いことができそうです。

２０１７年５月の大磯町立図書館での当日の様子は拙著『図書館からのメッセージ@Dr.ルイスの〝本〟のひととき』（郵研社）に書きました。臨場感たっぷりにレポートされた参加者のフェイスブックへの投稿を、あらためてここに再掲します。

大磯町立図書館 Library Cafe 講演会
「図書館で覗くクルマの世界」に参加(。・ω・)ﾉﾞ
講師は内野安彦氏(´・∀・`)◇
Library Cafe なので珈琲とかわいいクッキー付き(´∀`人)♪
席についてすぐ思ったのは、男性参加者の多さ!!
初めて講演会に参加される方も多かったのでは？と思いました
まずは内野さんのおはなし
今迄オーナーだった車のおはなしから

神奈川県の車に関する書籍の所蔵状況の一例などなど
クルマが好きな方からの「おお〜」という声と
図書館関係者からの「おお〜」という声が交互に出るのが印象的
質問のようなフリートークの時間には
しゃべりたい男性が続出!!
それから内野さんと大磯町立図書館館長さんとの対談
おふたりとも Citroën のオーナーとはすごい偶然(`・∀・´)◇
ふわふわの乗り心地って体験してみたいものです
クルマにはあまり詳しくありませんがとっても楽しかったです!!
もうね、もうね、3時間あっという間だった+。゜(・∀・)゜。+゜ｲｲ!!
もちろん、図書館員としての気づきもたくさんいただきました
覚えたのはネコ・パブリッシング　調べたいのは神奈川中央交通
素敵な時間をいただきありがとうございました!!

そうなのです。「クルマの話」がこれまた新たな図書館利用者を生むことに

気づかされました。図書館で行われる講演会で、国産車ディーラーの営業マンをしていたと名乗る参加者が発言したり、地元の路線バスの交通体系に言及した参加者の発言があったりと、参加者層が変われば、図書館員がそれまで気づかなかった地域課題が意外な視点から見えてくることもあるのです。

飾らないカレンダー　シトロエン2CV

私は40歳で勤務する自治体の人事異動により、市長部局から教育委員会に出向を命ぜられ、市立図書館に勤務することになりました。18年間ずっと市役所の本庁勤務でしたので初めての出先機関でした。

異動して早々に図書館の書架で出遇ったのは「運命の本」ではなく「運命のクルマ」でした。それは今村幸治郎の『月のこどもたち』（偕成社）に描かれた可愛いシトロエン２ＣＶでした。

今村氏との親交については、既刊の拙著のあちこちに書いているので、重複を避けたいところですが、そうすると本文が成り立たないので、その点は先にお断りさせていただきます。

もしも、私が40歳の時に図書館に異動していなかったら、間違いなく今村氏の作品との出遇いは遅くなっていたか、それとも、今もって出遇えなかったかもしれません。

シトロエンのオーナーであれば、おそらく今村氏を知らない人はいないと思います。シトロエニスト（シトロエンフリーク）にはそれくらい敬慕された存在でした。過去形で書かざるをえないのは、２０１８年3月15日に逝去されたからです。

我が家には、今村氏から毎年届くカレンダーが２００５年版からあります。年度により2種類であったり3種類であったりしますが、一度もカレンダーとして壁にかけたことはありません。私のとってそのくらい大切なものなのです。

毎年末、カレンダーが完成したことを知り購入する場合と、完成を知らずにいて申し込みが遅れたときに今村氏から送られてくる場合があり、圧倒的に申し込む前にいただくことが多かったように思います。仮に申し込んだにしても、届くのは申し込んだ商品の金額にしたら3倍ほどのグッズ（ノート、ポストカー

シトロエン２ＣＶ（海洋堂）

ド、コップなど）が必ずプレゼントとして添えられていました。
　生前にご自宅に伺ったり、塩尻市で３週間余の絵画展を開催したりとご厚誼にあずかり、そして２０１０年の新図書館（えんぱーく内の図書館）開館に合わせて作った新しい図書館利用カード（現在も使用中）に今村氏の絵の使用許可をいただくなど、１９９７年の２ＣＶとの出遇いは単に本との出会いにとどまらず、私自身、図書館との長い付き合いの始まりでもあったのです。

　塩尻市での絵画展の開催は、２０１３年のカレンダーに書かれた今村氏のプロフィール欄の主な絵画展開催地の来歴に、パリのシトロエン本社、韓国のロッテデパート、アメリカ・サクラメントのラディソンホテル、東京・銀座の伊東屋などに並び「長野県塩尻市立図書館」が記されました。こんな光栄な記載はありません。「なにかと手続きの難しい行政の中で、塩尻と縁もゆかりもない私の作品展をよく開催までこぎつけましたね」と言葉をかけてくれた氏の優しさが、ここにも見て取れます。

　手っ取り早く今村氏の人となりと作品を知るには『Ｆｏｏｇａ（フーガ）』（２００５年４月号）がお薦めです。「絵描きほど素敵な人生はない」と題した今村氏の特集が16頁にわたりオールカラーで紹介されています。ファン垂涎（すいぜん）の1冊です。この逐次刊行物（２０１０年3月28日発行のNo.92を最後に休刊）は発行されてだいぶ経ってから今村氏からいただきました。そこには「泉鏡花全集全29巻を数年かけて読み終えた」と書いてありました。今村氏が塩尻に来られた際に案内した泉鏡花の『眉かくしの霊』に出てくると言われる旅館を前にし、感動されていた様子は今でも忘れられません。

今村氏が亡くなられる数ヵ月程前、今村氏を良く知る出版社の方と私の講演会場で出遇い、私が今村氏の大ファンだと知ると、「お二人のトークイベントを企画したいですね」と、天にも昇るような提案をされました。歩行が難しいことや、体調も思わしくないことは、ときおりいただく電話で本人からうかがっていたので、実現の可能性は極めて低いとは思っていましたが、どんなにその提案が嬉しかったことかは言うまでもありません。勿論、話が具体化したときは、同じ場に立つなど恐れ多い、と辞退する自分の姿は目に見えてはいたのですが……。

今村氏と出会ったときに私が乗っていたのはボルボ２４０ＧＬワゴンでした

が、現在は今村氏が生涯このメーカーのクルマしか所有したことがなかったというシトロエンのＤＳ３に乗っています。図書館での２ＣＶとの出遇いは、こうしたストーリーを紡ぎました。

そして、今村氏の作品との出遇いは、絵本との新たな出遇いにもなったのです。それまで私が目にした絵本に描かれたクルマといえば、丸みを帯びたり、角ばっていたりとデフォルメされたものしか知りませんでした。だから、今村氏の描いた２ＣＶやＤＳやアミなどのシトロエンに欣喜雀躍（きんきじゃくやく）したのです。「これは大人の絵本だ」と。その後、長く図書館で働くことが幸いし、クルマ好きにはたまらない実車を想起させる、こもりまこと、あんどうとしひこなど、たくさんの絵本に出遇う機会に恵まれました。私にとって図書館はますます「クルマ」のある場所になっていったのです。

今村氏が亡くなって初めての年の瀬、もう届かないと思っていたカレンダーが送られてきました。差出人はご夫人でした。今村氏のカレンダーは今も壁に飾りません。画集としてめくることはあっても、月日を追うものではないので、カレンダーに書かれた３６５日の時は永遠に止まったままです。

１年に３～４回、今村氏と電話で話しました。話題はいつも二つ。シトロエンとビートルズと決まっていました。永遠に終わらない会話でした。図書館で２ＣＶに出遇い、今村氏の自宅で２ＣＶを拝見し、飾ることのないカレンダーをめくる。私にとって２ＣＶとの出遇いは２馬力どころか、何百倍の馬力となって、いまも図書館道を走り回らせてくれています。

【今村幸治郎と図書館】

今村氏の著作の所蔵点数は、氏が長年住まわれた地である宇都宮市の図書館が10点と国内の公共図書館では最も充実しています。宇都宮市に次ぐのが塩尻市かもしれません。

氏の著作以外では、宇都宮を中心とした地域資料である『美しい生き方が、ここにあります。』（高久多美男／監修、フーガブックス、２００７年）に、先述した『Ｆｏｏｇａ』の記事がほぼ同様に紹介されています。掲載写真の点数が少ないので『Ｆｏｏｇａ』をお薦めしますが、この本は主に栃木県内で活躍されている宮大工、料理人、絵本作家、硯作家、陶芸家、書家など本当に輝いて生きておられる50人が紹介されている本で、この中に今村氏が「いる」ことがファンとして嬉しくたまりません。なお、本書は栃木県内でも所蔵館は数館しかなく、他県の図書館ではほとんど所蔵されていません。

なお、宇都宮市立南図書館では、児童書ではなく一般書扱いの『夢の車』『今村幸治郎画集　Heart Collection　①〜④』が中・高生コーナーに排架してあります。これは図書館員の粋な仕掛けですね。特に『Heart Collection』は宇都宮市立図書館や塩尻市立図書館以外ではなかなか所蔵されていない貴重な著作です。（蔵書検索日：2019.3.17）

叶えられなかった夢　スバル360

5年間の塩尻での単身生活は、先述した今村幸治郎の作品展の開催をはじめ、県内でクルマのイベントがあると聞けば駆けつけ、クルマ好きのオーナーの経営する喫茶店や民宿があると知れば訪ね歩きました。当時乗っていたのはBMWミニクーパーとホンダ・CR-Xデルソル。20代半ばから続く2台乗りだったのですが、塩尻のアパートの駐車場に2台置くわけにはいかず、鹿嶋に帰省した時に気分次第で乗り換えて塩尻に戻っていました。

さて、塩尻でのスバル３６０との出会いも先の今村幸治郎と同じく、既刊の拙著で書いていることなのですが、本書でこのクルマを避けては通れず、多少、重複する箇所はお許しください。

スバル３６０が私に教えてくれたことは、クルマだって生みの親がいるということ。そして、その生みの親は必ず出生地があるということでした。スバル３６０の生みの親である百瀬晋六氏が塩尻の出身であることを教えてく

スバル３６０（ノレブ）

日産スカイライン・ハコスカ
GTR（チョロQ）

日産フェアレディ 240ZG
（トミーテック）

れたのはクルマ好きの市民の方でした。これは図書館員としての大きな気づきでした。クルマには開発責任者がいるということ。まさに「プロジェクトX」の世界です。どうしてそれまでそのことに気づかなかったのか恥ずかしい限りです。

その方が手にしていたのは1冊の本。それは私が塩尻に赴任する前に出版され既に図書館の資料となっていた百瀬晋六刊行会が編集した『スバル３６０を創った男　飛行機屋百瀬晋六の自動車開発物語』(郁朋社、２００1年)でした。出版社に馴染みはなく、百瀬晋六氏を敬慕する人たちが拠出し編んだ本のようでした。こんな大きな「地域資源」があるとは思いもしませんでした。市のブランドとしても十分に活かせると熱くなったものの、既に決めていた塩尻からリタイアする日はそんなに先のことではなく、塩尻をスバル３６０の聖地にしたいという儚(はかな)い夢は潰(つい)えました。

日本を代表する名車と言えば、トヨタ・カローラ、日産・スカイライン、日産・フェアレディZなど挙げればきりがありません。その中でも、生みの親、育ての親の名前が特に知られているのはこの3車ではないでしょうか。

トヨタ・カローラといえば、１９９７年にあのフォルクスワーゲン・ビートル（タイプ１）を抜いて累計販売台数世界一のギネス記録を樹立。いまもトップの座に君臨する名車であり、国内では１９６９年度から２００１年度まで33年間も販売台数1位を維持した大ベストセラー車です。

このカローラの初代主査を務め、「生みの親」と言われたのが長谷川龍雄氏。出身は鳥取市で、スバル３６０の百瀬晋六氏と同じ旧東京帝国大学工学部航空学科卒。百瀬氏が東大に入学した１９３９年、長谷川氏は東大を卒業、さらに卒業後、百瀬氏は中島飛行機に、長谷川氏は立川飛行機に入社します。戦後、日本は航空機製造が禁止されたため、稀代のエンジニアは飛行機を諦め、その代わり世界を驚かすようなクルマを作るに至るのです。

次に、「ミスタースカイライン」こと横浜市出身の桜井眞一郎氏。日産と合併する前のプリンス自動車工業の出身で、スカイラインは初代（プリンス自動車工業）から7代目まで関わり、2代目の途中から開発責任者となる、まさに「生みの親」なのです。スカイラインと言えば、桜井氏の関わったころはセールス面でも優れた実績を上げ、国内レースでは無敵の49連勝（通算50勝）とい

『スバル３６０を創った男
飛行機屋百瀬晋六の自動車開発物語』
（郁朋社、２００１年）

う記録も3代目（C10型、通称ハコスカ）で打ち立てました。

長野県岡谷市に国産車としては初となる単一車種の自動車博物館「プリンス&スカイラインミュウジアム」が１９９７年にオープン。初代館長を桜井氏が務められました。博物館は社団法人日本公園緑地協会が選定した「日本の都市公園１００選」でもあり、標高１０００メートルほどの場所からは諏訪湖を眼下に見下ろし、八ヶ岳連峰や甲斐駒ヶ岳などが遠望できる、まさに「スカイライン」の聖地と呼ぶにふさわしいところです。

塩尻市に単身赴任中は、塩尻と岡谷を結ぶこのスカイラインをよく走ったものです。「自慢のハコスカを駈って」と言えば完璧なのですが、デートの相手はＢＭＷミニ・クーパーでした。

ちなみに、当館で販売されているデッサン画を描かれたK.youさんは塩尻市在住と知ったのは最近のこと。もっと早く知っていれば、と悔やむところです。

そして、フェアレディＺといえば、２０１５年に１０５歳で逝去されたミスターＫこと片山豊氏。出身は現在の浜松市。クルマと言うと開発の親であるエンジニアが脚光を浴びるところですが、片山氏は「育ての親」の営業マンとして金字塔を打ち立てました。国内では宣伝を担当し、転勤先のアメリカで日産車のセールスを拡大。米国日産の初代社長を務め、1998年にはアメリカの自動車殿堂入りを果たした伝説の人です。フェアレディZは外国で根強い人気があり、「Z-carの父」ともいわれています。

2005年には、片山氏の故郷の春野町（浜松市に合併する前）にてフェアレディZのミーティング「K'z meeting in HARUNO」を開催。歴代のフェアレディZが700台余参集し、春野町で生まれた片山氏の業績と、その片山氏が育て、ワールドカーとなったフェアレディZによる、まちを挙げてイベントとなりました。クルマと人とまちが一つになる、クルマにとってこんな幸せなドラマはありません。

戦後、クルマは一部の高所得者でしか所有できなかった時代、庶民でも手の届くものという夢を叶えてくれたスバル360。2018年2月、茨城県小美玉市で行われたオールドカーミーティングで視界に飛び込んできたのは不思議な外装のスバル360でした。近づいてよく見ると「赤」ではなく「朱」。もしかして思ったら、漆で全塗装したものでした。しかも塩尻市から漆工芸品の展示販売を目的に出店しているとのこと。となると「私、塩尻に5年住んでいまして、えんぱーくの図書館をつくりに単身で行った者です」との自己紹介となり、塩尻とスバル360の深い縁を饒舌に語ってしまいました。私が現職の図書館長ならば、その場で、図書館でしばらくスバル360を借用したい、と交渉してしまうところです。塩尻のお宝が漆を纏っているなんて、これ以上の広告媒体はないでしょう。

スバル360、トヨタ・カローラ、日産・スカイライン、日産・フェアレディZを例に挙げ、クルマにも生みの親や育ての親があり、しかもそのクルマが国内外の産業や社会生活に大きな軌跡を残したものだとしたら、それを顕彰するのは先述した春野町のように自治体の責務でもあります。当然、図書館員も地域資料として意識することが求められるのではないかと思います。やっと気づいてくれたか、と協力してくれる市民は少なくないと思いますよ。

クルマ学上級試験①

Ｑ１　１９１０年代から３０年年代にかけて流行したクルマの先端に輝くカーマスコット。このカーマスコットを最初に付けたのは、ナショナル・モーター・ミュージアム館長のモンタギュー卿の尊父と言われれています。さて、特注で作らせたマスコットとはどんな像だったでしょうか？

聖クリストファー　　人魚

Ｑ２　最近はタイヤの性能や路面が整備されたおかげですっかりタイヤがパンクしなくなりましたが、スペアタイヤをどこに装備するかはクルマのデザインに大きく影響します。さて、ユニークな場所として、１９６６年式ブリストル４０９はどこに装備したでしょうか？

左フロントフェンダーの内側

フロントエンジンフード

Ｑ３　「ちびまる子ちゃん」に出てくる花輪くんの家にある１９７０年前後のロールスロイス・ファンタムⅥを運転する執事のヒデじい。さて、彼が若い時に憧れていたクルマは何でしょうか？

モーガン　　トライアンフＴＲ２

＊回答は、巻末233ページ

第2章

クルマ好きに捧ぐ本

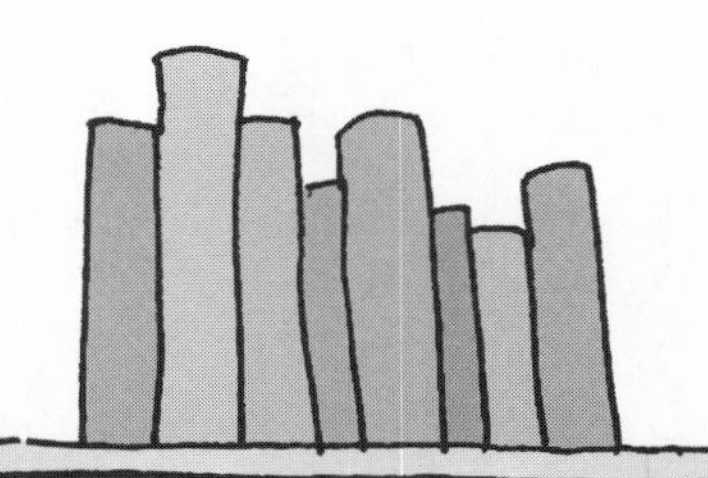

近隣のまちも含め私が日ごろ通う書店に「クルマ」「自動車」と表示された雑誌コーナーには、平積みと面出しで置かれた逐次刊行物と、棚差しで置かれたムックや逐次刊行物の別冊、例えばニューモデル速報などの大判のビジュアル系の本が並ぶ以外、この本のような読み物系のクルマの本はほとんどありません。

書籍棚を見ても、図書館の棚で例えれば「自動車工学」に分類される書籍を多く出版しているグランプリ出版、三樹書房といった出版社の本を目にすることはほとんどありません。ならば図書館で、と思ってもそれは無理です。大規模な図書館でなければほとんど所蔵されていません。

１９５５年に誕生し、60年以上製造されているクルマと言えば「トヨタ・クラウン」です。現行車は既に15代目のモデル。我が国「最高齢」の乗用車であり、今日の我が国の自動車産業の隆盛を築いた「牽引車」と言えます。１９８３年に登場した7代目のＣＭで使われた「いつかはクラウン」のコピーは、高級車の証であり、多くのオーナーの矜持を満たしてきたことは論を待ちません。高級ホテルのロータリーに並ぶ黒いクラウン、田舎の農家の広い庭に軽トラックと無造作に並ぶ白いクラウン、クラウンのある風景は日本の原風景と言えます。

そんな知名度絶大のクラウンですが、数多くの自動車史などを著している桂木洋二の『初代クラウン開発物語　トヨタのクルマ作りの原点を探る』（グランプリ出版）を例に図書館での所蔵状況を見てみると、東京都内は20館以上の公共図書館に所蔵されていますが、県内で所蔵館が0というところも少なくありません。クラウンにしてこの現状ですから、他のクルマに至っては推して知るべしです。

書店にはない、図書館にもない。そんな本はクルマの本に限らず枚挙に遑（いとま）がありません。「だってマイナーなジャンルでしょ？」っていうものなら私は何も言うつもりはありません。家から一歩道路に出たら目の前を往来するものであり、人によっては移動手段で毎日使うもの。また、電車の車窓から見える景色に必ず映っている乗り物。それが「車」です。

「車」が「クルマ」に見える人がいるのです。細かな定義などどうでもよいのですが、目の前を往来する無機質な工業製品ではなく、そのスタイル、エンジン音、ときに運転席や助手席に座る人にまで何らかの思いを馳せてしまう私のような者は「車」ではなく「クルマ」なのです。機械ではなく人に寄りそう愛すべき「モノ」なのです。

YouTubeで偶然、素敵な「人とクルマの関係」の動画を見つけました。それは1967年式のフォルクスワーゲン・ビートルとキャサリンという73歳のご婦人の物語でした。物語といっても内容はクルマのレストレーションのリポートなのですが、51年乗り続け、35万マイルも走ったカリフォルニアナンバーの「アニー」と呼ばれるビートルが「クルマ」として描かれているのです。

アニーが修理工場に送られる日、キャサリンは唇に右の指先を触れ、その指をレッカー車に乗せられたアニーのリアフェンダーに触れる「間接キス」と言ったらいいのでしょうか、感動的な別れのシーンがあります。そして、後日、退色してピンクに変わってしまっていたアニーは新しい真っ赤なドレスを纏い、彼女の元に帰ってきます。聞き覚えのあるエンジン音とクラクションを背中で聴いたキャサリンが振り向いた先にいたアニーを目にした時のキャサリンの表情はまるで愛しい人を迎えるようでした。

クルマ好きにとって「クルマ」は実車に限りません。ミニカーでもピンバッチでもステッカーでも、そして本でも全て「クルマ」なのです。書店でも図書館でもなかなか出遇えない「クルマ」の世界をクルマ好きに捧げます。

絵本

クルマ好きの人って絵本の面白さを知っているのでしょうか。私の20数年来の疑問です。20年数年というのは、私が図書館で今村幸治郎の作品に出遇ってから現在までの年数です。

某図書館の児童担当に聞きました。例えばクルマ好きの成人男性が図書館に来館されたとします。この男性が、私が図書館で今村幸治郎に出遇ったように、夢中になれるクルマの絵本があることに気づく可能性ってどのくらいあるだろうか、と。答えは「ほとんどないでしょうね」でした。

平日の図書館で、しかも児童書コーナーで「お父さん」らしき人を見かけるのは極めて稀です。週末ならば子どもを連れた姿を少しは散見できますが、「お母さん」に比べるとその差は歴然です。

図書館によっては、大人のための絵本の読み聞かせを開催し、通常の読み聞かせでは呼び込めない成人男性を取り込んでいるようですが、「クルマ好きのあなたに捧ぐ絵本の読み聞かせ」なんてやっている図書館は聞いたことがありません。

児童担当にどうしてやらないの、と尋ねたところ、そういうニーズがあるかどうか考えたことすらなかった、と。そうでしょう。まず私の言う「クルマの絵本」という勝手な定義を理解できる司書がどれだけいるかです。

「クルマの絵本はたくさんありますよ」と並べられても、私が「これです」と指をさすのは一〇分の一あるかないか。乳幼児向けのデフォルメされたシルエットのクルマや極端に擬人化されたものは論外で、多少のデフォルメはあっても、それがルノー4であったり、シトロエンDSであったりと、実車のイメージがつかめる描画の作品が私のいう「クルマの絵本」なのです。多くの図書館で所蔵されている、例えば、こもりまことの『ダットさん』（ダットサン・フェアレディやホンダS800などが登場）や『バルンくん』（オースチン・ヒーレー・スプライトが主役）などの絵本は比較的多くの図書館で所蔵されていますが、一方、図書館ではあまり見かけないクルマの絵本もたくさんあるのです。

卑近な例ですが、恥ずかしながら私も図書館に勤務するまでは、こもりまことの名前すら知りませんでした。となると、生来の好奇心とおせっかい癖が体内をかけめぐるのです。クルマの絵本ってどのくらいあるのだろうか。そして、こんな楽しい世界を知らないでいるクルマ好きが少なくないのではないか、と。

図書館で行われる「のりもの絵本展」においても、私が勝手に定義した「クルマの絵本」はほとんど並びませんし、図書館が紹介する「のりもののおすすめ絵本」にも該当するものはごく僅かです。

そもそも「クルマの絵本」の定義がないので分類のしようがなく、インターネットで情報を探すと同好の士は少なくありません。私よりはるかに詳しく、はるかに熱いコレクターもたくさんいます。サイトを覗くととても勉強になります。

本書はそういった情報を披瀝するものではありません。あくまで私がお知

日産フェアレディＳＲ
（ダイヤペット）

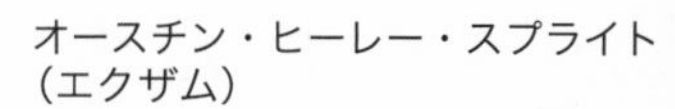

オースチン・ヒーレー・スプライト
（エクザム）

ホンダＳ８００（トミカ特注）
※箱とミニカーは月田 裕氏がプロデュース
（以下同）

らせしたい作品にとどめたものです。だから「ベスト○○○」でもなく、「絶対読むべき○○○」でもありません。もとよりそんなつもりはありませんし、そういう紹介の仕方そのものを好みません。よって、「捧ぐ」としました。

図書館で10年間、私を待っていてくれた絵本

『月のこどもたち』今村幸治郎、偕成社、１９８６年.

鹿嶋市の中央図書館でこの本に出遇ってから、本とクルマとの付き合い方が変わったと言っても過言ではない運命の一冊です。

図書館司書のお眼鏡に適わないのか、この絵本はそれほど多くの図書館で所蔵されていません。県によっては所蔵館のないところもあるので、私が鹿嶋の図書館で出遇えたのは奇跡です。鹿嶋の先輩司書の選書眼に感謝としか言いようがありません。

今村幸治郎の他の著作は、表紙に大きくシトロエン２ＣＶが描かれているものがあるのですが、この本の表紙はドーナツ型の煙突から同じくドーナツのか

『月のこどもたち』今村幸治郎、偕成社、1986 年.

たちをした煙を出すレストランが描かれ、注意してみないと赤と黒の２ＣＶチャールストンと２台の２ＣＶに気付かないかもしれません。

主役は「ロボコン」なので、シトロエン２ＣＶは「ともだちの車くん」として書かれています。でも、アイスクリームの移動販売車にＨバンが描かれていたり、机上の玩具として２ＣＶが描かれたりと、わき役として、少しですがシトロエンが出てきます。

この本を手にした時の感動が、本書にも書いたように、その後、縦の糸と横の糸となって、私と著者を繋ぐ布地に「軌跡」という刺繍を縫ってゆくことになるのです。

ラリーカーを描いた絵本だってあるんですよ

『Rally Car』 Benedict Blathwayt, Birlinn, 2017年.

世界ラリー選手権はＦ１世界選手権と並ぶモータースポーツの最高峰と言えますが、そのラリーをテーマに一冊まるまる日本語で書かれた絵本はいまだ見たことがありません。

ダカールラリーの鉄人と称され、世界最多連続出場のギネス記録保持者は日本の菅原義正。勿論、氏の記録は連続出場だけにとどまりません。トラック部門の総合準優勝が6回、排気量10リットル未満クラスの優勝が7回という素晴らしい戦績も残されています。しかし、日本のどこかの図書館で氏の軌跡をテーマ展示したところはあるのでしょうか。出身地のO市では氏は顕彰されているのでしょうか。気になるところです。

さて、著者のBenedict Blathwayt（ベネディクト・ブラスウェイト）といえば、働くクルマをはじめ、船舶、電車など乗り物を描いた多数の作品があります。本書は4〜8歳を対象とした僅か12頁の小型絵本です。スタートからゴールまで、カモメが乱舞する海岸にはアザラシらしき動物がいたり、沿道にはウサギ、ヒツジ、ウシなども描かれ、いかにもラリーらしい風景が広がっています。英国の出版社の本なので、移り変わる風景も英国ではないか思いますが、定かではありません。

クルマも細かく描かれているのですが、何をモデルに描かれたのだろうか悩

『Rally Car』 Benedict Blathwayt, Birlinn, 2017年

まされました。ぱっと見ならランチアかルノー5。でもよく見ると微妙に違います。クルマ好きの二人の友人とあれこれ意見を交わした結果、少々の相違点は目をつぶり「オペル・アスコナGr.B」と結論づけました。

正直言って無理やりのオペル決めつけの感は否めません。というかオペルであってほしいという期待があったからです。なぜなら、オペルは日本で出版された絵本で見たことがありません。テーマであるラリーが珍しいということと、さらにオペルが描かれているという点がセレクトの理由です。

シトロエニストにはたまらない極上の大人の絵本

『ラストリゾート』ロベルト・インノチェンティ（絵）、Ｊ・パトリックルイス（文）、青山南（訳）、ＢＬ出版、２００９年.

こんな絵本があるんだ！　シトロエニストで本書を知らなかった方は感動すること間違いありません。シトロエンの長い歴史を語るうえで欠かせないトラクシオンアバン、２ＣＶ、ＤＳ（23パラス）がそろい踏みしているのです。し

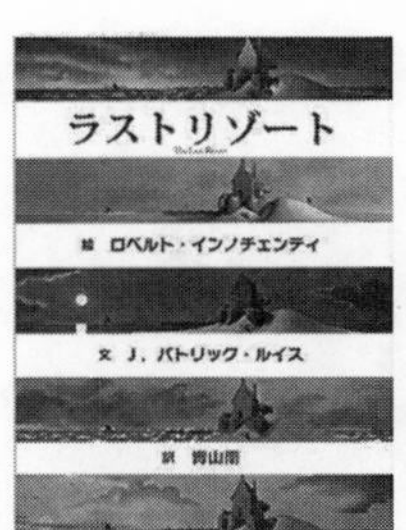

『ラストリゾート』ロベルト・インノチェンティ（絵）、Ｊ．パトリックルイス（文）、青山南（訳）、BL出版、2009年.

かも描画はかなり写実的。絵本によくあるかろうじてシトロエンに見えるものではなく、シトロエニストでなくても一目でシトロエンとわかります。

シトロエンだけが描かれた絵本ではありません。ストーリーの主役である絵描きが運転するクルマはルノー4。向かうは「チノハテ」と道沿いに看板が出ているはるか遠くにある海辺の古いホテル。天候は次第に荒れ始め、漆黒の闇に雷鳴が轟く中、車一台がかろうじて走れる崖っぷちの道を赤いルノー4は走ります。

たどり着いたホテルの入り口にはそばかす顔の男の子がいて絵描きに言います。「ここは、こころにぽっかりあながあいてしまったひとたちの、リゾート・ホテルさ。」

看護師が付き添う白いドレスを着た病人のような女性、全身灰色で度の強そうな眼鏡をかけた小男。片足の年老いた船乗りなど、宿泊客も謎だらけ。そこにやってくるのがトラク

ルノー４
（トミカダンディ）

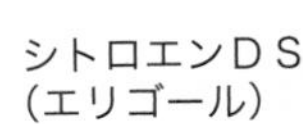

シトロエンＤＳ
（エリゴール）

シオンアバンに乗った警視。大きな体、口髭、パイプときたら……、そう、メグレ警視です。頁をめくっていくうちに、なんか展開が変だと感じる人がいるはずです。本書は絵本の解説ではないので、ストーリーについてはここまで。

これをクルマの絵本というにはクルマの登場回数からいっても無理があるかもしれません。でも、私はシトロエン好き、フランス車好きで、かつ外国文学好きの人にこの本を捧げたいのです。２００３年ボローニャ・ラガッツィ賞フィクション部門特別賞受賞のこの逸品を。

ローライダーのホッピング、幼児向けの絵本ですが、なにか？

『Daniel's Ride / El Paseo de Daniel』Michael P.（文），Lee Ballard（絵），Last Gasp，2006年．

表紙からしてすごい。１９６３年シボレー・シェビー・インパラ・コンバーチブルの前輪のタイヤハウスから延びる真っすぐなメッキのサイドモールと、片側三連の丸型テールランプがいかにもアメ車を主張。さらにローダウンした

『Daniel's Ride / El Paseo de Daniel』
Michael P.（文），Lee Ballard（絵），
Last Gasp, 2006年.

タイヤハウスからは金色のワイヤーホイールが光る（実際に☆マークが）。そんな一見ワルっぽいクルマの助手席には不釣り合いな男の子が両腕を上に挙げ手を振っています。

日本の絵本の「主演クルマ賞」の常連といえば、フォルクスワーゲン・ビートル（タイプ1）と旧ミニ。この2台は圧倒的に描かれている気がします。追随するのは欧州車と国産の旧車といったところでしょうか。なかなかアメ車は日本の絵本では見かけません。ましてやローダウンしたインパラが出てくるなんて日本の絵本では考えられません。

本書はタイトルからおわかりのように、英語とスペイン語で書かれたマルチカルチュアルブックです。この絵本がたまらないのは、まず油圧式の車高調整システムに改造されたローライダーのインパラが主役ってことです。しかも頁をめくるごとにフロントフェイスやリアビューが紙面いっぱいに描かれているド迫力。まるで怪獣が吠えるような轟音を響かせやってくるインパラ。家人が「地震か！」と慌てるくらい大地を揺らします。

インパラが主役の絵本ですが、私が一番印象に残った絵はどれかと聞かれたら、「このクルマ、なんて言うの？」と、インパラに近づいてきたスパニッシュ系と思われる小さな女の子の紙面いっぱいに描かれた顔。前髪を上げた大きな額と意志の強そうな眉と黒い瞳がとても可愛いのです。インパラのオーナーが女の子に「かわいい色ね」と言われた帆の色は「ピーナッツバター」。オーナーに「ピーナッツバターは好きかい？」と聞かれ、女の子はうなずいて答えます。どうです、想像できますでしょ。

典型的なクルマの絵本かと言えばそうではありません。この本はダニエルという男の子の話です。あとは実際に本を手にとってのお楽しみ。

ちなみに対象は6歳以上。文章は少し多めですが、英語とスペイン語が並記されているのでプレゼントにもいいかもしれません。勿論、１９６３年のインパラのオーナーが知り合いにいたら教えてください。きっと喜んでくれると思いますよ。

巨大なテールフィン、キャデラックの栄光

『Sleepy Cadillac』Thacher Hurd（作・絵）, HarperColl, 2005年.
『Cadillac』Charles Temple（作）, Lynne Lockhart（絵）, Putnam Juvenile, 1995年.
『ねえ、まだつかないの?』ジェイムズ・スティーブンソン（作・絵）、やざき せつお（訳）、佑学社、１９８７年.

いつか徹底して調べてみようと思っていることの一つ。それは絵本で最も「主役」として描かれたクルマは何かということです。それを出版された国別に調べたら、その国の文化としてのクルマのステイタスがわかるような気がするのです。フランスはシトロエン２ＣＶかルノー４が双璧のような気がします。イギリスは圧倒的にミニ（ＢＭＣ）で、ドイツは同様にフォルクスワーゲン・ビートル（タイプ１）だと思います。イタリアは多分フィアット５００（２代目ＮＵＯＶＡ）なのではないでしょうか。ただし、なんの根拠もありません。悪し

『Sleepy Cadillac』
Thacher Hurd (作・絵) ,
HarperColl, 2005年.

からず。

この5台に共通するのは、基本的に一度もモデルチェンジをせずに（クルマによっては多少の全長・全幅・車重などの変更あり）長年にわたり製造されたという点で、それだけ国民に長く支持されたということだと思います。

この５台を販売期間で見れば、フォルクスワーゲン・ビートルが62年、シトロエン２ＣＶとミニが同じく41年、ルノー４が31年、そして最も短い２代目フィアット５００でも20年と、その国の風景になったクルマであり、その人気は製造が終わっても、いまだレストアされながら生産国だけではなく、世界の風景となって走っています。

となると、日本はどうでしょうか。ロングセラーと言えば、トヨタのクラウンやカローラが挙げられますが、１９５５年に生まれたクラウンは15代目。１９６６年生まれのカローラは12代目と、初代の面影はなく容姿は変貌を遂げています。だから、クラウン

『ねえ、まだつかないの？』ジェイムズ・スティーブンソン（作・絵）、やざき せつお（訳）、佑学社、1987年.

『Cadillac』Charles Temple（作）, Lynne Lockhart（絵）, Putnam Juvenile, 1995年.

もカローラも国民車でありながら、日本の絵本で「主役」に就いていませんし、助演にもキャスティングされない存在です。

さて、アメリカに目を転じます。アメリカはモデルチェンジを繰り返すことで販促を展開してきていることと、乱立したメーカーの統廃合で今日に至っていることから、先の5台に相当するようなクルマがありません。そんななか特別な存在なのがゼネラルモーターズのキャデラックではないでしょうか。

日本においては本国アメリカ以上の「超高級車」です。ちなみに、1977年のキャデラック・セビルの価格はトヨタの超高級車であるセンチュリーの2倍でした。

1ドルが360円の固定相場制だった1971年以前だと、日本のクルマとの価格差はさらに大きく、純粋な国産車黎明期の1950年代においては、キャデラックの存在は価格もさることながら、そのメカニックへの憧憬も現代とは雲泥の差があったことは想像に難くありません。そこで、アメリカを代表する高級車のキャデラックですが、やはり絵本の主役になっているようです。本書では洋書を2点、翻訳書を1点選んでみました。

まず1点目は、『Sleepy Cadillac』。キャスティングされたのは、全長は6メートル近く、全幅は2メートルを超え、時代の象徴であった巨大なテールフィンを持つ１９５９年式キャデラックのコンバーチブル。こんなでっかいクルマが眠っている子どもを乗せパジャマランドを周遊する物語。飛行機のようなテールフィンを持つブルーのキャデラックの運転席に座るのは眠っている男の子。キャデラックの後方にはベットタイム・ドライブを楽しむいろんなクルマが（ここでも黄色いフォルクスワーゲン・ビートルが登場）。パジャマランドから自宅に帰ってくる頃には、広いキャデラックのフロントシートに横になって眠る男の子。そして彼の眠るベットサイドには青いキャデラックの玩具が（大きさ

キャデラック（ソリッド）

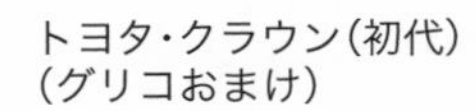
トヨタ・クラウン（初代）
（グリコおまけ）

トヨタ・カローラ（初代）
（ノレブ）

からしてティントーイかな)。

キャデラックに抱かれて眠れるなんて素敵ですね。いまだに一度も座ったことのない１９５９年のキャデラックのシート。それはそれは贅沢なベッドでしょうね。この絵本に出てくる男の子のようにＶ８エンジンの奏でる爆音を聴きながら、パジャマランドに一度は行ってみたいものです。

ちなみに、対象は乳幼児から就学前児童。英語が苦手な方でもなんとか読めると思います。

２点目は『Cadillac』。お茶目なおばあちゃまとピンクのキャデラックの物語。キャデラックは先の『Sleepy Cadillac』と同じ巨大なテールフィンを持つ１９５９年式で、しかもコンバーチブル。いやはや、この年式のキャデラックはアメリカでは絵本向きの愛されキャラなのでしょうか。

お茶目なおばあちゃまの駈るキャデラックはその大きさ故、自宅のガレージから1メートルほど巨大なテールフィンが飛び出しています。このおばあちゃんの運転がこれまたワイルドというのかヘタクソというのか。路上に出れば郵便受けは倒すわ、市街地のパーキングメーターは倒すわの大暴走。交通法規もお構いなしで、警官に注意されても頬にキスして颯爽と去っていくのです。

「ピンクのキャデラック」と言えば同名の映画がありました。はい、あのキャデラックと同じクルマです。

絵本といえば見返し（本の表紙と中身をつなぎあわせる紙）の色は重要です。勿論、見返しは無地のピンク（本書ではneon-pinkのキャデラックと表現）です。

ＢＯＯＭ、ＳＨＡＣＫＡ‐ＬＡＣＫＡ‐ＬＡＣＫＡ、
ＢＯＯＭ、ＳＨＡＣＫＡ‐ＬＡＣＫＡ。

わかりますか？　おばあちゃまの駈るキャデラックのエンジン音です。

３点目も同じく同年式のキャデラックのコンバーチブル。色は白。描画も一番ラフでキャデラック以外のクルマは判別不能です。原作のタイトルは『Are we almost there?』、邦題は『ねえ、まだつかないの？』。先の2作に比べると、私の好む「クルマの本」としては物足りない描画ですが、日本の出版社から翻訳ものとして出されていますよ、といった感じでセレクトしました。

さて、番外編です。絵本じゃありませんが、橋本紡の小説に『青空ヒッチハイカー』という作品があります。この作品で主役級の描かれ方をしているのが

1959年製のキャデラック。「色は夏空のような青だ。本当に飛べそうなほど大きなテールフィンに、ロケットのように尖った赤いテールライト……」と、クルマの小説ではないのに、しっかりとエクステリアが描写され、本文でも、この作品はキャデラックでなければ絵にならないシーンが度々登場します。

ハードカバー（新潮社）と文庫（新潮文庫）が出版されていますが、私はフジモト・ヒデトが描いた文庫のキャデラックがお気に入り。こちらはコンパーチブルではなくセダンです。クルマを上から描くという難しい角度なのですが、巨大なテールフィンとリアバンパーがキャデラックをしっかり主張しています。

高校生（しかも、かなり成績の良さそうな）が、しかも無免許にもかかわらず、兄のキャデラックで神奈川から九州を目指すロードノベル。道中、ヒッチハイカーやいろんな事情のある人を乗せるたびに、キャデラックが効果的に描かれていて、スペック云々ではなく、人に寄り添う「クルマ」としていい演技をしています。

最後に、かつて発行日が待ち遠しくてならなかった月刊誌の一つが『ラピタ』（小学館）でした。本書を読まれている方の多くは、恐らく私と同じような思い出を持つ雑誌ではないかと思います。この『ラピタ』の１９９７年7月号の特集が「40になった。もうそろそろキャデラックな生活」だったのを思い出されませんでしたか。

「いつかはクラウン」という有名なキャッチコピーが使われたのは１９８３年に発表がされた7代目クラウン。「いつかは」ですから、清貧生活の私にもまだ可能性はなくはありません。しかし、先の『ラピタ』が出たのは私が41歳の時。当時は市役所の係長、キャデラックな生活なんて到底無理。「キャデラックに似合うガレージ・ツール」、「デザイン重視で選ぶガレージ専用ラジオ」、エンブレムによる年式の見分け方としての「古キャデの年式を見分ける裏口講座」、寺垣豪憲による歴代キャデラックのイラストなど、今読んでもわくわくする27頁にわたる特集は「永久保存版」といえる優れものでした。

あれから二〇余年、還暦過ぎてもキャデラックな生活どころかクラウンすら乗れない生活ですが、キャデラックが描かれた絵本を楽しむ生活をしている63歳はそうはいないのではないでしょうか。けっこう贅沢な時間です。

１９５０年代のアメ車が満載の絵本

『All the way to Havana』Margarita Engle（文），Mike Curato（絵），Henry Holt and Company，2017年．

１９５０年代のアメ車を中心に、まるで時が止まってしまったかのように古い車が街中にあふれるハバナ。１９５９年のキューバ革命以前は、お金持ちのアメリカ人が住んでいたことから、革命後、オーナーはアメリカに去り、クルマだけが取り残され、ひたすら修理・改造を繰り返しながら生き残ってきた古いアメ車たち。メッキグリルはピカピカに磨かれ、極彩色に再塗装されたクルマがあれば、見てくれは気にせず満身創痍で働くクルマあり。古いクルマ好きには桃源郷のようなまちハバナを舞台に、これでもかという古いアメ車が紙面を飾る絵本があったら、買わないわけにはいきませんよね。

主役は田舎に住む男の子と家族、もう一方の主役は水色の「１９５４年のシェビー２１０」。「Cara, Cara」と低い音をたてて目覚め、「Taka, Taka」と走り

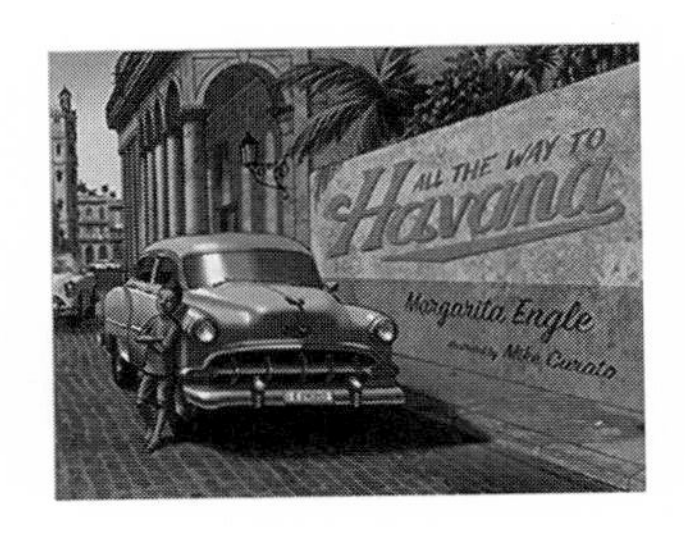

『All the way to Havana』Margarita Engle (文), Mike Curato (絵), Henry Holt and Company, 2017年.

出すシェビー２１０。出かける前の点検は入念で、開けたボンネットからは錆だらけのエンジンルームが現れます。

男の子のいとこが住むハバナに出産祝いやケーキを届けに行く一家。市街地が近づくにつれ、路上にはまるで花畑のような赤や黄色や黄緑などの古いアメ車が溢れ始めます。ここにも、お馴染みの巨大テールフィンを持つ１９５９年の真っ赤なキャデラック・コンバーチブルが描かれています。街を進むと、７人を乗せたシェビー２１０は、新婚カップルを乗せた白と紫のツートーンの１９５７年ダッジ・コロネットと出遇います。背景には官庁とおぼしき重厚な建物が細かく描かれ、クルマ好きには見とれてしまうシーンがたっぷり。

嬉しいのは、見返しに本文に登場する（一部、登場しないクルマも）アメ車が24台描かれ、年式と車名が書いてあること。古いアメ車は判別できないので苦手という大人には優しい配慮。「このクルマ、なんて言うの？」は子どもの常套句ですからね。

そして、カバーを外すと出てくる絵が感動です。何が出てくるかは秘密。ぜひ手に取ってみてください。

図書館にはめったにない二玄社のクルマの絵本

『ミゾロギアキラのあそべるガレージ』溝呂木陽、二玄社、２００９年.

クルマ好きなら誰もが知っている二玄社。でも、絵本が出ていることをご存じでない方もいるのではないでしょうか。

絵本といっても、工作して楽しむものなので、図書館員の多くは蔵書に加えるのをためらいます。よって、絵本とはいえほとんどの図書館に所蔵されていない本です。価格も２８００円（税別）なので、ちょっと高いですね。

でも、溝呂木氏の描いたミニクーパーＭｋ‐１とイセッタが工作できるときたら、クルマ好きのお父さん、お母さん、おじいちゃん、おばあちゃん。お子さんやお孫さんに買ってあげたくなりませんか？

工作といっても、小さいお子さんでもハサミで紙を切り糊付けすれば簡単に出来上がります。あとは本を開いて遊ぶだけ。本文にはシトロエン２ＣＶも出てきますよ。

『ミゾロギアキラのあそべるガレージ』溝呂木陽、二玄社、2009年.

え、作りたくない？　わかります、その気持ち（笑）。プラモデルと一緒ですね。ちょっとお金はかかりますが、どうしても作りたければ２冊買いでしょうか。

映画「グリーンブック」と合わせて読みたい絵本

『Ruth and the Green Book』Calvin Alexander Ramsey（著），Floyd Cooper（絵），Carolrhoda Books，2010年.

クルマの本ではありません。１８７６年から１９６４年まで存在したジム・クロウ法（人種差別を合法としたアメリカ南部の州法の総称）にまつわる話です。

時代は１９５０年代、シカゴに住むクマのぬいぐるみが大好きなRuthという女の子と両親が１９５２年のビュイックで祖父母が住むアラバマに向かう話です。

旅に出てRuthは悲しい経験をします。人種差別の激しい南部で、レス

ＢＭＷイセッタ
（ホンメル、BMW ミュージアムカー）

ミニクーパーMk-１
（モンテカルロラリー）（ビテス）

トランには入れず、トイレも使えず、ホテルに泊まることもできない旅です。親子は気分をまぎらわすため、夜通し歌を歌いながらビュイックを走らせます。そんな辛い旅も、ジョージア州境のエッソのガソリンスタンドでグリーンブックを手にしたことから変わります。黒人でも安心して食事したり宿泊したりできる場所のガイドブックに出遇ったのです。

過酷な人種差別時代のことを語り継ぐ作品ですが、本作の表紙本文にRuthのお父さんが「Sea Mist Green」と呼ぶ美しい色のビュイックが何度も登場します。クルマ好きにはたまらない絵だと思います。

巻末には、グリーンブックの歴史が大人向けに書かれています。ニューヨークに住むポストマンのVictor H.Greenが黒人が利用できるニューヨークのレストランやホテルを本（グリーンブック）にしたのが１９３６年。その後、この本に紹介される場所は全米に広がり、１９４９年にはメキシコ、バミューダ、カナダにまで及んだそうです。

「はじめに」に書きましたが、映画「グリーンブック」を観られた方は、この絵本でより感動が深められること請け合いです。

『Ruth and the Green Book』Calvin Alexander Ramsey(著), Floyd Cooper(絵), Carolrhoda Books, 2010年.

猫好きで、フォルクスワーゲン・ビートル好きにはたまらない感涙の絵本

『ヤンときいろいブルンル』やすいすえこ（作）、黒井健（絵）、フレーベル館、1986年.

全国学校図書館協議会選定図書にもなっている定番の一冊。主演は「ヤン」という猫と「ブルンル」という黄色いクルマ（どうみてもフォルクスワーゲン・ビートル）。空冷エンジン独特の音がそのまま「ブルンル」に。ヤンがブルンルに会ったころはまだ小さかったころ。家族と子猫を乗せ走っていたブルンルはいつしか壊れることが多くなり、家族からはポンコツ呼ばわりに。そしてブルンルはヤンの元から消えてしまいました。

ブルンルが恋しくてたまらないヤンは必死にまちじゅうを探し歩きます。そして、古くなった家電などと一緒に捨てられ、ドアもなくなってしまったブルンルをヤンはやっと見つけます。そして、ヤンは朽ちたブルンルと暮らし始め

『ヤンときいろいブルンル』やすいすえこ（作）、黒井健（絵）、フレーベル館、1986年.

るという物語です。朽ちたビートルがとてもいい味を出しています。

私も一度はオーナーであったフォルクスワーゲン・ビートル（1303S）。愛車は深緑色のボディカラーでしたが、憧れたのは黄色でした。空冷独特のエンジン音。20台半ばの青春時代の甘酸っぱいサウンドです。

クルマ好きにはたまらないマニアックな幼児向けの絵本
『あかくんまちをはしる』あんどうとしひこ、福音館書店、2009年.
『あかくんでんしゃとはしる』あんどうとしひこ、福音館書店、2015年.

この2冊を所蔵していない公共図書館を探すのは大変といってもいいくらい定番のクルマの絵本。ならば、わざわざ本書でセレクトするまでもないでしょと言われそうですが、それでも、この本を知らないクルマ好き、しかも旧ミニのオーナーに出遇うことが少なくないのです。

氏の描画はスーパーリアルというわけではないのですが、どんなに小さく描いても実車のイメージがしっかりつかめるので、こんな絵本をクルマ好きの大

フォルクスワーゲン・ビートル
（グリーンライト）

人が知らずにいてはいけません（笑）。

『あかくんまちをはしる』には、主役のあかくん（旧ミニ）ほか、フォルクスワーゲン・ビートル、シトロエン２ＣＶ、ポルシェ９１１（９０１型）、モーガン、フィアット５００（２代目）、シトロエンＤＳ、ルノー４、ロータス・ヨーロッパ、コブラ、ジャガーＥタイプなど、まさしくオールスターが勢揃い。

『あかくんでんしゃとはしる』には、あかくんのほか、ルノー・アルピーヌＡ１１０、メッサーシュミットＫＲ２００、ＢＭＷミニ・コンバーチブル、フィアット６００ムルティプラ、オースチン・ヒーレースプライト、シトロエンＤＳ、スバル３６０、ボルボＰＶ５４４など、これまたオールスター。

そして、あかくんと主役を張り合う「でんしゃ」は江ノ電の初代５００形。鉄ちゃんにも好まれそうな一冊です。

『あかくんまちをはしる』あんどうとしひこ、福音館書店、2009 年.

『あかくんでんしゃとはしる』あんどうとしひこ、福音館書店、2015 年.

ホンダファンなら読んでほしい「おやじ」の本

『F・1おやじ 本田宗一郎の生涯』高橋透、汐文社、1994年.

日本の自動車会社関係者で最も「本」として書かれているのは本田宗一郎ではないでしょうか。

『やりたいことをやれ』、『俺の考え』、『会社のために働くな』、『得手に帆あげて』――これらは本田宗一郎自らが著した本のタイトルの一部です。

また、ソニーの創業者の一人である井深大は『わが友 本田宗一郎』、作家の城山三郎は『燃えるだけ燃えよ―本田宗一郎との100時間』や『本田宗一郎―その「人の心を買う術」』、経営学の泰斗である伊丹敬之は『人間の達人 本田宗一郎』と題した本を著しています。紹介したのはほんの一部に過ぎません。書名からして、いかに人を魅了してやまない本田氏の人となりが見えてきます。

そんな本田氏について書かれた絵本があるのです。全国の公共図書館にもたくさん所蔵されていますので、もしかしたら、クルマ好きのお父さんより、お

『F･1おやじ　本田宗一郎の生涯』高橋透、汐文社、1994年.

子さんが先に読んでいるかもしれません。

絵本というには文章が多く、読み聞かせ向きではないかもしれません。むしろ、短時間で本田宗一郎を知りたい、という大人向けの絵本といえます。

表表紙の見返しには、１９５５年のドリームＳＡ、１９６５年のモンキーＺ５０、１９６９年のＣＢ７５０などのバイクが、裏表紙の見返しには、１９６３年のＴ３６０（日本初のＤＯＨＣエンジン搭載の軽トラック）、１９６９年のホンダ１３００のセダンやクーペなどが描かれています。Ｎ３６０やＳ５００や６００スポーツに比べ影の薄い名車が描かれているところが、クルマの絵本好きにとってはたまらない魅力です。それ以上に、バイクが描かれた絵本は少ないので貴重な一冊といえます。

ホンダの本格的なモーターバイクであるドリーム号Ｄ型、マン島Ｔ・Ｔレース風景など、絵本ではなかなか見られないものが満載。巻末には本田氏の年譜と自動車に関する出来事が簡潔に表にまとまられ、ホンダ車ファンなら一家に一冊の優れものです。

ちなみに私の愛車第1号はホンダZ(初代)。その後もシティ・ターボやオデッセイ（初代）、CR-Xデルソルとホンダのクルマはいろんな思い出をつくってくれました。

本田宗一郎について書かれた興味深い外国の絵本もあります。私が手元にあるのはレプリント版の『Honda:The Boy Who Dreamed of Cars』Mark Weston（著）, Katie Yamasaki（絵）, Lee & Low Books, 2014年）。本田技研工業の創業者にして、稀代のエンジニアである本田宗一郎の伝記絵本で、本田氏のシャツの胸ポケットには「夢」という漢字が描かれています。

エンジニアである本田氏の伝記ですから、

「He rebuilt carburetors,which mix air with gasoline.」

「He even fixed transmissions,the gears that turn cars' wheels and allow cars to speed up and slow down.」

「It had a long name:the Compound Vortex Controlled Combustion Engine.」

といったような、クルマ好きなら難なく読めるものの、英語が堪能でもクルマに関心がない日本人だと難しい表現がときおり出てきます。

ホンダ・シビック（初代）（チョロQ）

クルマの絵本というものではありませんが、シビック（初代）やＮ３６０などが描かれています。

『Ｆ・１おやじ　本田宗一郎の生涯』を先に読んでから、こちらを読まれると英語が多少苦手でも難なく読めると思います。

こんな世界に誇る偉人がいたんだってことを日本の子どもに、ときに英語の絵本を使って伝えたいものですね。

クルマ版ウォーリーを探せ

『ＭＯＴＯＲ ＰＡＮＩＣ　クルマだらけ、名車をさがせ』松山孝司（作）、架空社、１９９２年・

ドライブインシアターで「１９５３年のシボレー・コルベットを探せ」やら、廃車置き場で「ホンダＳ８００を探せ」だの、クルマ関係の雑貨屋で「ロータス・スーパーセブンを探せ」といった遊びに夢中になった後は、じっくりと何百台、いや千台を超えるクルマをじっくり見ていただきたいのです。わからない場合は、インターネットやクルマの本を引っ張り出して調べましょう。楽しい時間となることは約束します。ただし、「わからないことがあったら図書館へ」という、記憶の隅っこにある惹句は思い出さないでください。元図書館員としてはっきり言います。図書館員は困ります（笑）。だって図書館には参考資料として使えそうなクルマの本がほとんどないのですから。

松山孝司と言えば、名古屋駅や栄駅などに掲出された２０１４年のトヨタ博物館25周年のポスターを思い出される方も多いのではないでしょうか。クルマ好きにはたまらない素敵なポスターでしたね。

『MOTOR PANIC クルマだらけ、名車をさがせ』松山孝司（作）、架空社、1992年.

旧ミニの還暦を祝う自費出版の絵本

『ミニミニ・ランラン 60かいめのたんじょうび』たむらちとし、２０１９年.

概ね本書の原稿を書き上げたころ、鹿児島県指宿市の友人から「こんなクルマの絵本が出るようです。いかがですか」と、同市内に住む田村千年という方が描かれた『ミニミニ・ランラン』の自費出版の情報が入ってきました。もちろん、クルマを題材にした絵本なので、直ぐに「入手したい、２冊」と友人に伝え、後日、送られてきた絵本の何と素敵なこと。

新聞によると、著者は、水彩画が英国専門誌の表紙に採用されたこともあるらしく、旧ミニは20代のころにオーナーになったとのこと。

作品は、２０１９年がミニ誕生60周年にあたることから、イシゴニスおじさん（わかる人はわかる）の60回目の誕生日をたくさんのミニの仲間がお祝いするというストーリー。

キワクくん（カントリーマン）、ウーズレーさん、ライレイさん、モークくん、イタリア生まれのデトマソさんとイノチェンさん、ビーンくん（ボンネットが黒色）など出てくる出てくる仲間たち。こう書かれてもチンプンカンプンな人もいるでしょうが、わかる人はこれだけで頷けますでしょ。となると絵本が見たくなりませんか。

記念すべきミニ60周年に上梓する本ということと、自費出版という、このマニア度がたまらなく、最後の最後にセレクトしました。こういう出版活動も図書館は応援してほしいですね。

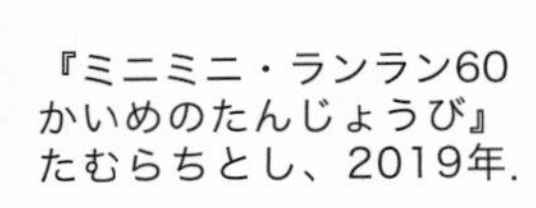

『ミニミニ・ランラン60かいめのたんじょうび』たむらちとし、2019年.

小説・エッセイ

小説やエッセイのクルマが描かれるとき、どうしても腑に落ちないことがあります。それはクルマの描写の曖昧さです。「トヨタの車が停まっていた」とか「真っ赤なアルファロメオが近づいてきた」なんて描写はありえない、と思いませんか。いったいどんな車を想像すればいいのか。例えばトヨタならば、黒塗りのセンチュリーと白いカローラでは、その佇(たたず)まいは全く違うし、思い描くオーナーも全く違うはず。となると作品自体の印象すら変わってきます。しかも年式とか何代目といった表記がないと自分の頭の中で映像化できません。現代を舞台に、２０１９年に出された小説にカローラと書かれていたら、１９６６年に誕生した初代から２０１８年に12代目として生まれたものまで、細かなマイナーチェンジまでは言及せずとも（必要もありませんが）、少なくとも12台の外観を異にするカローラがあるのです。なんとかしてよ、というのが私の主張です。派生車のカローラスパシオやルミオン、ランクスなどまで含めたらとんでもないことになります。

仮に動画の世界で、住宅街の扉が開け放たれた車庫の中に１９６６年の初代カローラが停まっていたら、相当クルマ好きのオーナーと私は勝手に解釈します。逆に12代目のカローラであれば、オーナーの趣味になんら思いは至りません。クルマって言葉を発しませんが、実はその佇まいで役者を演じているのです。

しかし、小説やエッセイで、そこまで書かれているものは非常に稀です。フォルクスワーゲン・ビートル（タイプ1）のように、1941年から2003年まで販売されながら、エンジンの排気量、窓やテールランプの形状など、販売年を識別できる細かな変更はあるものの、基本的にモデルチェンジがなかった車は「フォルクスワーゲン・ビートル」で、とりあえずいいとは思いますが、何度もモデルチェンジを繰り返す「大きなキャデラック」では何代目を想像していいかわかりません。1950年代のテーフフィンのキャデラックなのか、現行車なのかでは全く違います。

車を作品のテーマにしたものを多く著している作家は、さすがに年式にこだわった描き方をしている場合が多いのですが、単なる移動手段として車を登場させるような作家は概ね具体性に欠ける描き方で、なかには車の構造上あり得ない描写に唖然とさせられることもあったりします。

作品的に文章では具体的なモデルが描けなくても、イラストや写真が入っていることでわかるものもあるのですが、クルマを登場させる最初の表現に「何年式」とか「何代目」とか、もしくはモデルを象徴するような部位の表現が欲しいものです。読者は本を手に取って読む人ばかりではなく、音声のみで「読む」人もいますので。

細かいこととお叱りを受けるかもしれませんが、「車」を「クルマ」として認識するには、たった数文字でいいのです。モデルが特定できる描き方をお願いしたいものです。

クルマを描いた小説といえば、大藪春彦、五木寛之、高齋正、矢作俊彦、山川健一などの作品が直ぐに思い浮かびます。そのほか、クルマを愛でる小説やエッセイはたくさん出ており、おそらく、その多くがこの本を手に取られた方の自宅の本棚に並んでいることと思います。

この章は、クルマ好きに捧ぐの本なので、広く知られている作品はたとえ代表的なものであっても扱いません。有名な作家なのに意外と知られていないもの、秀作であるにもかかわらず図書館でほとんど所蔵されていないものなどをセレクトしました。

書棚から直ぐ手に取れる眩しいアメリカ

『南カリフォルニア物語』鈴木英人(イラスト)、片岡義男(文)、CBS・ソニー出版、1983年.

アメリカに行きたいというか、アメリカで働きたいと親しい友人に言い始めたのが中学2年生の頃でした。職業も決めていました。全米をサーキットするプロレスラーのマネージャーです。

具体的にはどんな仕事かは知りません。わかるような本も当時はなかったと思います。当時、抜け出せないほどハマっていたのがアメリカのプロレス興行。日本のプロレス雑誌では物足りずアメリカから送ってもらい読んでいました。プロレス以上にアメリカがどうしようもなく好きだったのかもしれません。

といいながら、そんな夢は麻疹みたいなもので大学受験を控えるころには、アメリカのプロレス熱はすっかり過去のものとなりましたが、アメリカへの憧憬は変わることはありませんでした。大学を卒業したら、商社マンとしてアメリカを行脚するのだ、と決めていました。ところが結局、職を得たのは地元の

『南カリフォルニア物語』鈴木英人(イラスト)、片岡義男(文)、CBS・ソニー出版、1983年.

町役場。仕事で渡米なんて到底あり得ない職場でした。

憧れのアメリカはプロレスから音楽や映画を通して今昔を知る国と変わり、さらに図書館サービスの先端の地としても関心を持つようになったころ、晴天の霹靂ともいえる吉報が舞い込みました。日本図書館協会からアメリカのアリゾナ州図書館協会に派遣される研修生に選ばれたのです。47歳のときでした。

アリゾナ州内をグレイハウンドバスに乗ったり、日本にはない大きなカーゴ車を牽引する普通車に乗ったり、コンドミニアムやB&Bに泊まったり、ホームステイしながら、３週間余、現地で待ってくれている図書館員を訪ねながら、広い州内を一人で巡りました。

ただ、夢に描いていたアメリカと違っていたものがありました。初めて降り立ったアメリカの地はロサンゼルスでした。目に映るクルマは日本車ばかり。鈴木英人が描く、ちょっと古いピックアップや、１９５０から60年代の古いクルマもほとんど見ることはありませんでした。街を歩けば朽ちた古いアメ車を街かどでときおり見つけることはありましたが、どこに行っても感じたのは圧倒的な日本車の多さでした。滞米中、現地で私を助手席に乗せて市内外を案内

フォードF 100・
ピックアップ
（グリーンライト）

してくれた図書館員が運転するクルマも6台中全て日本車でした。

40歳を過ぎたころから私の中のアメリカを創ってきたのは、間違いなく片岡義男であり、鈴木英人です。片岡の洒脱な文章と、鈴木の描く風と光が泳ぐ風景に癒され、いつもアメリカは本棚から手に取れる距離にありました。この本は、この二人がコラボしたのですからたまりません。量的には鈴木のイラストが8割、片岡の文章が2割といった感じで、南カリフォルニアの眩しい陽光の下、屋外広告、道路標識、モーテル、ビーチなどが唯一無二の鈴木のタッチで描かれています。

そして、お馴染みのクルマは、1950年代初期のビュイック、グレイハウンドバス、スクールバス、リンカーン・マークVI、シボレーのピックアップなど、たくさんのアメ車が溢れています。

一方、片岡の文章は、サーファーとカリフォルニアの海が中心で、具体的に車名が出てくるのは1974年のオールズモビル・カトラスだけ。

「車にサーフボードを乗せて海にやって来て、駐車場に車をとめ、ボードを持って海という聖地へ入っていく。聖地に入る直前の最後の陸地が駐車場なのだよ。そして、沖のサーフに乗って陸地へもどってきて、最初に自分がむかうのは、自分が車をとめた駐車場なんだ、わかるかい」と、どこか翻訳調の耳触りの良い片岡サウンドが楽しめます。

そういえば、鈴木も駐車場をよく描きます。私もクルマが好きということもあり、海外に行ったら、ホテルやスーパーマーケットの駐車場をよく観察します。図書館に行っても駐車場の写真は必ずといっていいほど撮ります。正確に言えば、クルマが停まっている駐車場が被写体として好きなのです。特にアメリカでは、住宅街に停まっているクルマと家の佇まいや芝の広がる庭などを比較しながら歩くのが極上の楽しみ。アメリカンサイズのピックアップに、小さな日本車が並んで停まっているのはよく見る風景です。

巻末に載っている二人の対談で、こんな言葉が印象に残りました。

鈴木は言います。「雰囲気のいい町へ行くと、一日中眺めていたいと思う時がありますね。」と。この気持ちはよくわかります。世界の絶景地を訪ねるより私も街歩きの方が断然好きです。

「古い車をちゃんと走らせているのは、生活のコストを下げるため、ただそれだけなんです。でも、それが本当に身についてしまえば、ある時、美しくなるということはあるでしょうね。」との片岡の言葉に、あぁ、だから錆だらけの古いピックアップも、塗装の禿げた車名も思い出せない凡庸なセダンであっても何故か恰好がいいのか、と頷けます。

舞台はカリフォルニアの陽光が降り注ぐビーチ。サーファーにはたまらない一冊かもしれません。

ちなみに、本書の公共図書館の所蔵館をカーリルで調べたところ（国会図書館は除く）、東京都内は都立図書館を含め4館、大阪府内は1館のみ。この2人が著者なのに少ないと思いませんか。

1969年の奇跡のコラボ

『奇妙な味の物語』五木寛之（作）、伊坂芳太良（画）、ポプラ社、2009年.

五木寛之と言えば、『雨の日には車をみがいて』、『疾れ！逆ハンぐれん隊』、『メルセデスの伝説』など、クルマを描いた作品はたくさんあります。本書の読者であれば釈迦に説法のことだと思います。

そして、伊坂芳太良といえば42歳で早世したイラストレーター、グラフィックデザイナー。こちらは若い読者には馴染みが薄いかもしれませんが、１９６０年代、一世を風靡したといっていいくらい街に作品が溢れていた、時代を代表するアーティストです。

少年コミック誌を卒業し、周囲より少し早く『ビッグコミック』を読み始めた中学生の頃、伊坂の表紙画は無国籍のサイケデリックさと、妖艶な女性の肢体がなんとも形容しがたい魅力を放っていました。もしかしたら、当時の中学生にはちょっと背伸びした感のある絵だったのかもしれません。

伊坂は１９２８年生まれで、五木は１９３２年生まれ。時代の寵児であった二人がコラボレートして生まれたのがこの一冊。

二人が一緒に仕事をするきっかけとなったのは１９６９年。文藝春秋の『漫画讀本』に五木が短編「深夜草紙」を連載。その作品に伊坂のイラストが添えられたのです。「私は有頂天だった。絵に追われるように、次々とこれまでの自分にはない物語を書いていった。」と五木は本書で述懐しています。

『奇妙な味の物語』五木寛之（作）、伊坂芳太良（画）、ポプラ社、2009年.

1969年10月号から始まった連載は、伊坂が頭部クモ膜下出血で亡くなられたことにより1970年9月号で幕を閉じます。

本著は1988年に、先の「深夜草紙」として連載された12編に5編が加えられた短編小説集として集英社から出版されたものに、伊坂のイラストレーションを挿画として新たに加え2009年にポプラ社から出版されたものです。では、どうして本書でセレクトしたのかというと、クルマが出てくる短編が数編収められているのです。

オーナーに愛されオーナーを愛するあまり、買い換えられるのを苦にオーナーを巻き添えに巨大なトレーラーに激突するという、感情をもった白いBMW318iの悲哀を描いた「サムワン・トゥ・ウォッチ・オーバー・ミー」。

8歳の女の子を助手席に乗せ、9歳の男の子が運転するのは1973年のポルシェ911S。小学生とは思えない大人の会話を交わしながら深夜の首都高速神奈川1号横羽線を疾走するナローポルシェを活写した「ファースト・ラン」。

都市の大渋滞を引き起こす車に手を焼いた総理が自動車メーカーに車の製造中止を要請。それでも一向に車が減らないのはなぜか。それは車が生殖機能を持ったからだと知るＳＦ作品「カーセックスの怪」。

都市化が進み、都会では地下深くに車を埋設せざるを得なくなった近未来。使い古した車の処分はオーナーにとって経済的な負担を抱える大きな悩みであった。そのオーナーの気持ちを斟酌して自ら東京湾に身を投げるスカイラインＧＴＢを描いた「老車の墓場」。

このような奇妙な味の作品が伊坂のイラストレーションと相まって、芸術的な一冊となっています。伊坂の作品はカラーも多数挿入され、また「深夜草紙」の口絵のイラストレーションも収載されたファンにはたまらない一冊です。これで１４２９円（税別）とはお買い得感たっぷりです（現在は新刊での入手はできません）。

なお、こんなクルマが主役の不思議な小説が読みたい方は、『世界カーＳＦ傑作選』（Ｒ・シルヴァーバーグ他編、講談社、１９８１年）なんていかがでしょうか。交通管制局の許可の下、公道で繰り広げられる決闘用メカを装備したクルマの激闘を描いた「１０１号線の決闘」（ハーラン・エリスン著）、人間がクルマを着る世界を描いた「21

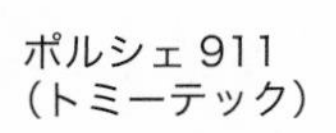

ポルシェ 911
（トミーテック）

ＢＭＷ 318 ｉ
（トミーテック）

世紀中古車置場のロマンス」(ロバート・F・ヤング著)など、奇想天外なストーリーにハマりますよ。

酒ではないクルマの話

『あの車に逢いたい　アメリカン・カー・グラフィティ』東理夫(著)、佐藤秀明(写真)、晶文社、1986年.

3年ほど前のこと、東理夫の『グラスの縁から』(ゴマブックス、2009年)というバーにまつわる酒と音楽と文学のエッセイを偶然手にしたことを契機に、『ケンタッキー・バーボン紀行』(東京書籍、1997年)へと、その豊饒な文章に誘われ、以後、氏の著作は私にとって極上の酒飲みの教科書となりました。そして次に酒からクルマへと、著作を遡るようにたどり着いたのが、私の大好きなこのアメリカのクルマの本でした。

本書にはアメリカを舞台にした6つの短編が収められ、さらに古いアメ車をはじめ、いかにもアメリカの断面を切り取ったような佐藤の83点の珠玉の写真を楽しむことができます。

なかでも私のお気に入りの作品は、１９４０年のクライスラーのロイヤル・クーペと、１９５５年のフォード・フェアレーンが出てくる「道路はいつだってオープン・ハーテッド」。走っている途中に動かなくなってしまったフェアレーンの持ち主であるケニーという若者が主人公。彼は車を道端に寄せ、通りすがりの車に拾ってもらおうと待つものの、待てど暮らせど車の姿はありません。しかたなく歩き始めて小一時間経った頃、綺麗に磨き上げられたクライスラーが彼の横に停まります。彼を拾ったのはアーカンソー出身の若い女性、ボウリーン。二人を乗せたツーシーターのクーペの車内で交わされる会話がアメリカ的でいいのです。

他の作品にも、１９５2年シェビイ・スタイルライン、１９４０年フォード・デラックス・クーペなど古いアメ車が出てきます。

そういえば、アメリカの地方都市の市街地から郊外の目的地まで一人で1時間ほど歩いたことがあります。迎えてくれたアメリカ人は異口同音に「信じられない」といった反応を示しました。確かに歩いている人は人っ子一人おらず、横を追い抜いていく車もほとんどなかった記憶があります。場所によっては数

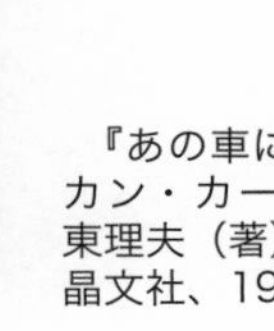

『あの車に逢いたい　アメリカン・カー・グラフィティ』
東理夫（著）、佐藤秀明（写真）、
晶文社、1986 年.

時間、往来する車がないというのもアメリカではあるのでしょうね。

著者はジミー時田のバンドで活動したこともあるカントリー・ミュージシャンとしても知られ、テネシー州の名誉市民でもあることから、アメリカの子細な描写は映像を見るかのようです。

巻末の佐藤の撮影ノートによると、撮影地はアメリカ本土だけではなく、ハワイ、メキシコ、カナダと広範にわたっています。ただし、古いクルマの車種はほとんど記されていないので、そちらを期待の向きには物足りないかもしれません。

『ケンタッキー・バーボン紀行』と本書を2冊テーブルに置き、「メーカズ・マーク」や「I・W・ハーパー」をちびりちびりやりながらの家飲みは、グラスのバーボンをさらに香ばしくしてくれますよ。


まるで図書館にいるような小宇宙のクルマの旅

『クルマたちとの不思議な旅　新・自動車文化論／ずーっと、助手席人間』

東野芳明、ダイヤモンド社、1985年.

車について語る人はたくさんいます。モータージャーナリスト、プロドライバー、クルマ雑誌編集者、クルマ好きな作家や芸能人など、その多くは、いや全ての人が車の運転免許を持ち、自らステアリングを握り、運転を楽しむ人たちではないでしょうか。

メカニックな解説もあれば歴史的蘊蓄（うんちく）もあり、メーカーを「よいしょ」する論調から「ぶった斬る」ものまで、読者の好みもそれぞれでしょう。

少し古い２００８年のデータですが、車を購入する際の情報源についてのアンケート調査があります。驚いたことは、87・7％が「（自動車雑誌は）まったく読まない」と回答していたことです。でも、身近な家族を見れば頷けます。妻や娘が自動車雑誌を読んでいる姿を見たことがありません。娘はインターネットで調べたりしていますが、妻は自分が乗っている車に全く関心がありません（それでも、乗っているのはフランス車（笑））。

アンケート調査の結果は次のとおりです。

「自動車メーカーのインターネット公式サイト」70・1％

「自動車ディーラーの販売スタッフ」42・2％

『クルマたちとの不思議な旅 新・自動車文化論／ずーっと、助手席人間』東野芳明、ダイヤモンド社、1985年.

「自動車雑誌」30・4％
「自動車関連ウェブサイト」27・7％
この調査はあくまで、車を購入する際の情報源という調査なので、日頃、自動車雑誌を読むか否かではありませんし、自動車雑誌自体、新車情報にほとんど頁を割かない編集方針のものも少なくありません。でも、他の様々なジャンル同様、自動車雑誌も休刊・廃刊は多いし、売上部数も年々落ちてきているようです。
先述しましたが、「車」か「クルマ」なのかの考え方を再度持ち出しますと、単なる移動手段の工業製品として「車」に乗る人は私が思っている以上に多そうです。最近では、その工業製品に関心すらないといった声も聞かれるようになりました。「女の子にモテたいから乗る」といった男の常識はとうに過去のもの。そうなると「カッコいい」という表現も、サンドウィッチマンの富澤風に言えば「何言ってるかわかりません」と返ってくるのでしょうね。
この本は古書店で偶然入手しました。先に中公文庫版を入手し、「あとがき」に書いてあった原本が気になり、こちらも古書店で手に入れました。

この本は書下ろしではなく『カー・アンド・ドライバー』（ダイヤモンド社の隔週刊誌）に連載していたものを本にまとめたものです。なんとなく、ときおり読んだことのある文章のような気がしていたのは、こういうことだったのですね。

この本の面白い点は、クルマを語る著者が運転免許を持っていないこと。さらに言及すれば、教習所に二度通ったものの、「運動不能人間」（自称）ゆえ諦めた方が書いた本なのです。奥様の運転する助手席から見たクルマのある風景を、多数の優れた著作を持つ美術評論家の視点で書いた逸品という点でセレクトしました。

「ドライヴァーにとっては、車は密室空間であり、マシン・マザーの胎内であって、そこから、孤独と権力（パワー）指向が生まれる。ドライヴァーはどうしてもパラノ人間にならざるをえない。ところが、助手席で、はらはら、おろおろしているだけのマイ・カー・チャン族は、疑似ドライブ体験を味わいながら、首をめぐらして周囲の風景を眺めることができるし、ビールも飲めるし、眠りこけること

トヨタ 2000GT オープン
（京商）

シボレー・コルベット　Ｃ３
（ソリッド）

も可能だ。つまり、ウォークマンで聞きながら外の騒音や風景を楽しむと同じで、外と内とを多様にダイナミックに結びつけ、交錯させることのできるスキゾ人間は、助手席にしかいないのである。」——著者の視点が開陳されています。

こんな表現、クルマを駈る人からは出てきませんものね。

全編、自動車評論家ではない美術評論家というフィルターを通して語られる「考察」は極上のクルマ文化論であり、1990年に他界されて久しいですが、もっともっと著者のクルマ論を読みたかったとつくづく思います。

例えば、著者がクルマを語るとこうなります。

「ふかく地面に身を沈めて、いまにもジャンプする直前の肉体のような緊迫感。それでいて、ノーズというのか、前の部分が、ずーんとふくれあがってのびていて……ハナ、ハナ、ツマンナイナ、という蓄膿症の薬のCMにでてくる鼻のふくれた漫画を思わず連想したほどに、なんともいえないおかしみがある。」——トヨタ2000GT

「冷たい機械に堕さないで、フランス人がおどけて見せるときの、あの、ひょうきんな表情をもっているのは、デザインの合理性が民族的な体質や美意識と

矛盾しないことの一例なのだろうか。」――シトロエン２ＣＶ

「正装をこらした品のいいパーティに、ぎんぎらぎんの悪趣味であらわれて、ひとびとのヒンシュクを買いながら、ぱっと消えて、不思議に魅力的な余韻だけを残す――そんな偽悪的なアウトローめいた迫力。」――シボレー・コルベット（３代目）

「むっくりと盛り上がって中央に直線のあるボンネットを見て、ジッパーでしめつけられたズボンの股間部を思うのはぼくだけだろうか。」――フォルクスワーゲン・ビートル（タイプ１）

こうした描写が随所に出てくるのに合わせ、蓮實重彦の『映画の神話学』、尾辻克彦の『父が消えた』、ジーン・ウルフの『カー・シニスター』、吉増剛造の『静かな場所』など、クルマの本の世界にいるというより図書館にいるような小宇宙がここにはあります。

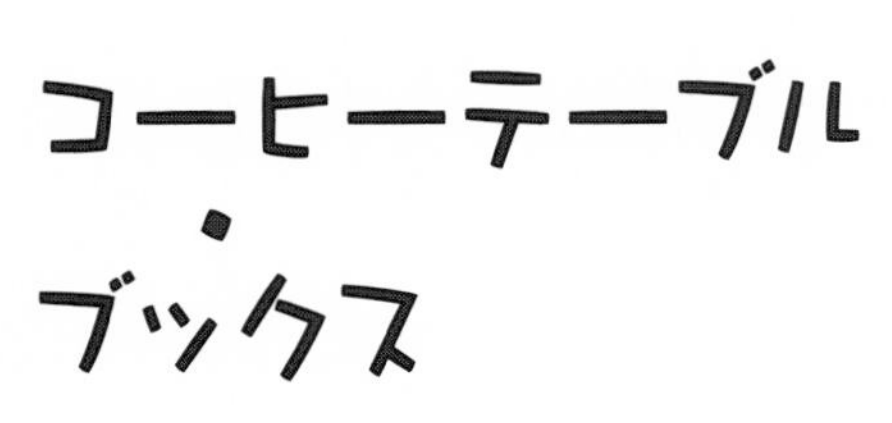
コーヒーテーブル
・
ブックス

いきなり「コーヒーテーブル・ブックスって？」という読者がいるといけないので、『コーヒーテーブル・ブックス　ビジュアル・ブックの楽しみ方 23通り』（堀部篤史、mille books, 2007年）から引用すると、コーヒーテーブル・ブックスとは「持ち上げて読めないほど重量感のある、大判で図版が満載の本。内容は適度にエキゾチックで、大衆がうらやむようなライフスタイルが描かれており、大抵の写真は芸術的でインスピレーションに満ちた、というよりもごく凡庸なものである。つまり、インスタントかつ安全無害な空想に束の間耽ることの出来る本」とのこと。そもそも、この定義は写真家のマーティン・パーが編纂した著作から堀部がまとめたものです。

解釈するにやや難解な点は否めませんが、法律用語ではないので、そんなに難しく構える必要はありません。書斎やリビングルームのテーブルに置いておき、リラックスしたいときに、ちょっと重いけれど上質な紙に印刷された美しい写真に癒される本がコーヒーテーブル・ブックスと、私は勝手に解釈しています。

本書はクルマの本なので、当然、写真の被写体はクルマ。大判で厚い本となればは安価ではありません。書店で見つけ頁をめくり、恐る恐る価格を見て、棚に戻した経験ってありませんか。数日間、あのとき買っておけばと後悔し、意を決して書店に行くもＳＯＬＤ ＯＵＴ。ならば図書館で、といっても、もうおわかりですよね、そういった本は図書館に期待するのは無理です。

テーブルに高価な分厚い本が置いてある部屋は、狭ければ狭いほど、その本の存在感は際立ちます。しかもなぜか豊かさを覚えます。

私が実際にコーヒーテーブル・ブックスにしてきたものの中からクルマ好きに捧げる本をセレクトしました。

> **大人もワクワクするクルマの図鑑絵本**
> 『AUTOS ILLUSTRATIONS DE PAUL CRAFT』Paul Craft, MILAN, 2017年.

古今東西のクルマが約１８０台、全て真横から描かれた図鑑のような絵本。フランス語のわからない私には説明文が読めないのは辛いところですが、全てのクルマには国旗と車名が記され、とにかくクルマ好きなら傍に置いておきたくなる一冊です。

小さなクルマ、スポーツカー、高級車、ホットロッド、レーシングカー、珍しいクルマなどに分類されて紹介されています。珍しいクルマにはなんと、日産・エスカルゴが水陸両用車や空飛ぶクルマと一緒に紹介されているのには笑ってしまいました。そんなに珍しいクルマなのでしょうか。

ポルシェ９１１、シトロエンＤＳ、フォルクスワーゲン・タイプ２などの名車に並んで、マツダロードスター（ＭＸ－５ ＮＤ）が大きく扱われているのは日本人として誇りを感じます。

ちなみに、真横から全てのクルマを描いた絵本に、『くるまがいっぱい』（グレース・マカローン（文）、デイビッド・カーター（絵）、文化出版局、１９９６年）などがありますが、こちらの描画に比べ本作はかなりリアルな描き方で、クルマ好きな大人が読む絵本としても十分楽しめます。

実はこの絵本はフランスに行かれた友人からのお土産としていただいたもの。現役の図書館員だけあってさすがに素敵な絵本を買ってきてくれました。私の

『AUTOS ILLUSTRATIONS DE PAUL CRAFT』Paul Craft, MILAN, 2017年.

お宝の一冊です。

判型は265㎜×305㎜と、日本ではあまり見かけない変形サイズ。見返しも素敵な、おフランス感漂う本です。

クルマって描くものなのかもしれませんね

『トップイラストレーター7人のカーロマン』アーバン・ナウ出版事業部、1987年.

本書は1985年から89年に出版された「一台の車」シリーズ中で唯一のイラスト集です。クルマを愛でる本といえば、圧倒的に活字と写真が占めており、なぜかイラスト集が極めて少ないことを私はずっと不満に思っています。ポスターやカレンダーにはイラストが使われるのに、どうしてイラスト集のような出版物がこんなにも少ないのでしょうか。

岡本博、岡本三起夫、小森誠、鈴木英人、高橋唯美、BOW、松本秀実との名前を見て直ぐに作品が思い出される人は相当なクルマ好き。この7人による作品集で、全員の作品を作風から言い当てることができなくても、作品を見たら「どこかで見たことがある！」となるはずです。

そんな稀代のイラストレーターが誌上で競演するという贅沢な本で、判型はＡ４判（２１０㎜×２９７㎜）。一人６作品で、本を開くと左に作品解題というかエッセイが綴られ、右が作品（判型からも作品が１点大きく収載され、まさにコーヒーテーブル・ブック向き）。いずれも文章はほんの少しなため、見開いた左側は白い余白が印象的な造りなのですが、唯一、鈴木英人はエッセイも長文で十分楽しめます。白眉は「偉大なるアメリカのおしり」。アメリカを走るピック・アップの後部荷台のパネルに刻まれたというかプレス成型されたというか、ＦＯＲＤやＣＨＥＶＲＯＬＥＴやＤＯＧＧＥなどの文字に恋する気持ちが綴られています。私も全くの同感。日本で見る以上に、アメリカで見るとこれがなんというか風景に溶け込んでいるのです。

「アメリカ人のおしりは偉大だ。特にアメリカ人の若い女性のおしりはほとんどの場合大きくて魅力的だ。その若い女性がタイトなブルージーンズのパンツをはいて、少々いたずらっ気を出して腰を振ると、セクシーなおしりが上下に適度に揺れる。そんなブルージーンズをはいたアメリカ娘のおしりとピッ

『トップイラストレーター７人のカーロマン』アーバン・ナウ出版事業部、1987年.

ク・アップのおしりは、共にセクシーな点で同じに思えてならない。」と。まったく同感です。

7人のイラストレーターに描かれたクルマはいずれも名車揃い。写真とは違った美しさ、躍動感、存在感が楽しめます。

もしかしたら気づかれていない図書館員の方もいるかもしれませんので、お教えしておきますね。「小森誠」は、『バルンくん』などの絵本でお馴染みの「こもりまこと」です。なお、本書ではバルンくんやダットさんのような擬人化されたクルマは出てきませんので、作品からは気づかれない方もいるかもしれません。

この本で初めて知ったのが岡本三起夫が運転免許を持っていないということ。本書が出版された当時（氏が36歳くらいの頃）のことなので、その後のことはわかりませんが、ミニ・クーパーSを「居間に置いてソファの代わりに使ったり、フロントの前にスクリーンでも立てればそれこそ世界ドライブ旅行だって出来てしまう」と。こういった発想は素敵ですね。巻末には描かれた33台のクルマのスペックと誕生秘話も楽しめます。

これぞ究極のコレクター魂の一冊

『モデルカー・コレクション』中島登／編、ワールドフォトプレス、１９９８年．

コーヒーテーブル・ブックスに「モデルカー」の本を一冊置くとしたら、誰だって相当悩まれることと思います。悩んだ末の一冊が本書。モデルカーコレクターの泰斗である中島登の集大成的一冊だと思います。

判型は２８５㎜×２１０㎜の変型の横長で２３８頁とズシリと重い本です。スチール製、ブリキ製、メタル・ダイキャスト製など、素材を限定せず、スポーツカー、乗用車、商用車、軍用車、二輪車など、とにかく著者のコレクター魂の凄さにただただ感服させられます。

モデルカーはいろんなカテゴリーで紹介されており、巻末の膨大な世界のミニカーブランド別リストも価値ある資料です。

頁をめくり掲載台数を数えようとしたのですが途中で止めました。それくら

『モデルカー・コレクション』中島登／編、ワールドフォトプレス、1998年.

いの数のモデルカーが載っています。ちなみに、著者のコレクションは３万台を超えるとか。

どこをめくってもクルマ・クルマ・クルマの本。この本を購入して20年余。いまだ全頁にしっかり目を通していません。いつでも、どこからでも読めるまさにコーヒーテーブル・ブックに最適の本だと思います。ちなみに表紙のクルマは１９５６年式フォード・フェアレーン・ビクトリアです。

なお、本書は１９８５年に竹書房から超豪華本（27㎝×37㎝）として発刊されたものの普及版（３８００円）として版元を変え刊行されたものです。１９８５年発行の『魅惑のモデルカー・コレクション』は所有していないため、普及版での紹介としました。

有頂天の時代のアメ車の世界
『Fabulous fins of the fifties』Rob Leicester Wagner, Metro Books, 1997年.

フォード・フェアレーン
（1957年）（M2）

私はどちらかといえばホットハッチが好きで、例えば全長が４・９ｍ、全幅が１・９ｍを超えるような大きなクルマが欲しいと思いません。まず、日本の道路や駐車場事情に合わないし、その図体からして燃費が良いはずもありません。しかし、いまとなっては夢を見ていたかのような国家の絶頂期にあった１９５０年代のアメ車のテールフィンの下品なデザインは決して嫌いではなく、意味もなく長い全長に、ベンチシートが似合う全幅、華美を極めたメッキ装飾、サイケデリックなツートーンのエクステリア、差別化が招いた醜悪と言えなくもないデザインなど、この時代のアメ車はたまらない魅力にあふれています。

「絵本」の項でも紹介しましたように、例えば１９５９年式のキャデラックがアメリカでは絵本の主人公のように描かれることからも、この時代のクルマは、日本人の私たちがフォルクスワーゲン・ビートル（タイプ１）や旧ミニの姿を絵本のキャラクターに好む感覚がアメリカ人にはあるのではないでしょうか。単に「でかい」というのではなく、きっとどこか「かわいい」のだと思います。人気のあるクルマを絵本の主人公に抜擢する以上、子どもが好むクルマというのは譲れない条件のはずだからです。

『Fabulous fins of the fifties』Rob Leicester Wagner, Metro Books, 1997年.

本書の判型は295㎜×295㎜の正方形。カバーのクルマはアメリカの絵本にたびたび登場する愛されキャラの1959年のキャデラックです。

　本書によると1948年-1957年は「有頂天の時代」と言うのだそうで。右肩上がりの経済から輝かしい未来が見えていた時代です。そんな有頂天さが破天荒なデザインのクルマを生んだわけで、いまもって見ても近未来カーのようなデザインと極彩色のカラーリングに圧倒されます。GM（キャデラック、ポンティアック、オールズモビル、シボレー）、クライスラー（プリムス、ダッヂ、デソート）、フォード（サンダーバード）といったメーカーの巨大な玩具のような造形に当時のアメリカの勢いを感じずにはいられません。

　クルマのカラーリングと景気は連動するという話を何かで読んだことがあります。景気が良ければ暖色系が好まれるのだ、と。まさにそれを証明する時代の産物です。

　英語の本ですから読むのはちょっと抵抗がある人もいるでしょうが、全頁、大きな写真ばかりの本です。クルマに関心がない人でも、アメリカの有頂天の時代の独特の美意識に興味を持たれるのではないでしょうか。

1950年代のテールフィンのアメ車3台

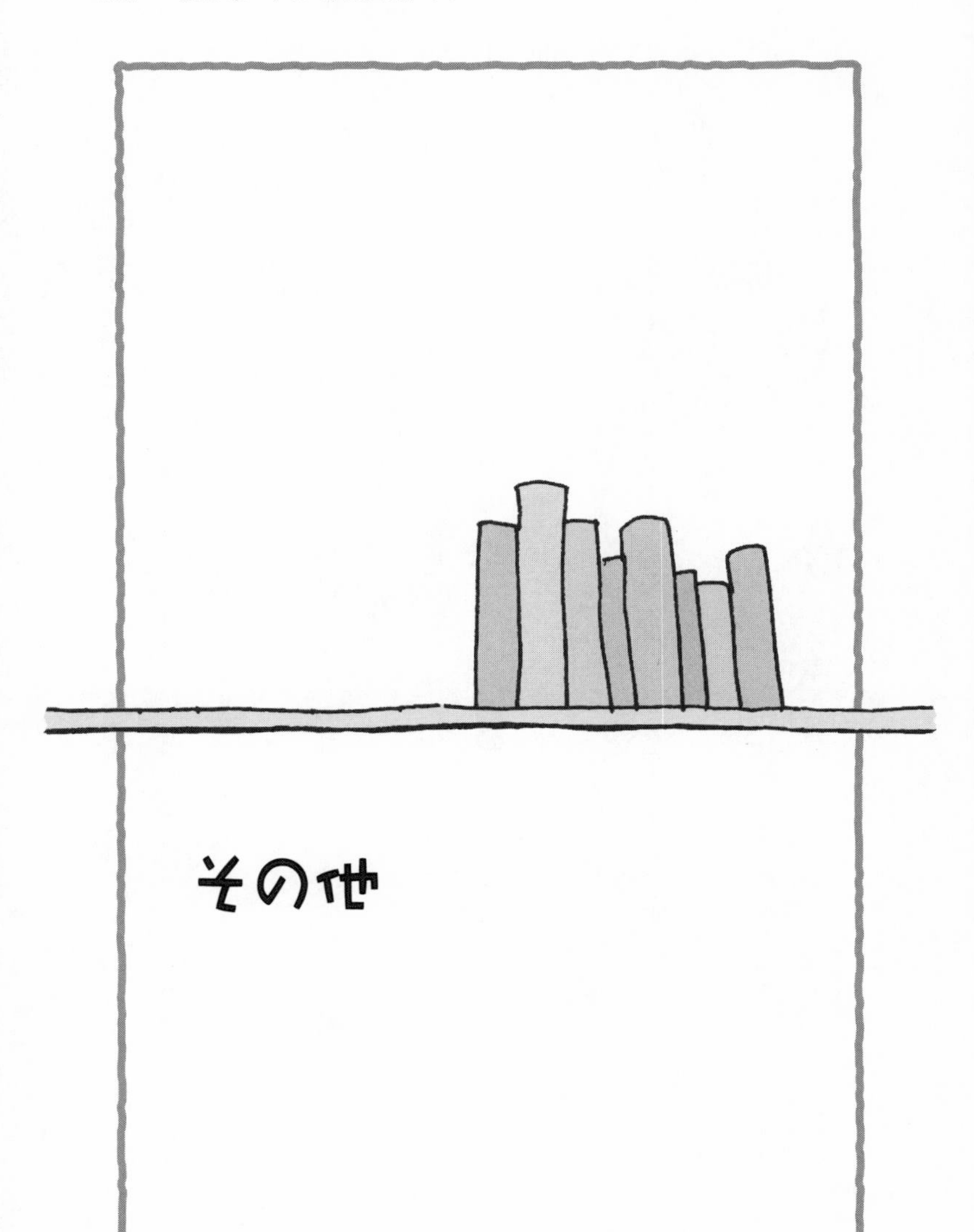
その他

ここに紹介する本は、ほとんど図書館で見つけることのできないものばかりです。絵本同様に洋書もあります。絵本に比べれば「読む」にはそれなりの語学力を要しますが、さらっと見る分には語学力がなくても十分に楽しめるようたくさんの写真が収録されているものをセレクトしました。

この「その他」の項だけで1冊の本が書けるくらい、ここにはなんでも面白いものが詰め込めるのですが、あくまで本書は、こういう本が出ていることを知らない人が多いのではないかという基準でのセレクトなので、「あの有名な本が入っていないじゃないか」とのご指摘はご遠慮願います。また、「こんな面白い本があるのに」というご意見は十分承知しています。

ここに書かれたクルマは「人や荷物を乗せて走るクルマ」ですが、多分、クルマ好きはミニカーや自動車ディーラーのノベルティグッズや愛車が特集された雑誌など、「人も荷物も乗せて走ることのできないクルマ」も大好きなのではないでしょうか。

20年以上前、そこにいるだけで幸せを感じる喫茶店がつくば市にありました。店内にレトロな実車が1台置かれ、ミニカーがそのクルマの上に所狭しと並べられ、クルマの本や雑誌が置いてある喫茶店。自宅の近くにあれば毎日でも通いたいくらいでした。

ここでは、この喫茶店が近くにあったら、こんな本を置きたいな、というものをセレクトしました。

テレビのコマーシャルから生まれたスバリスト必読の小説

『Your story with　あなたとクルマの物語』秋田 禎信（著）、STORIES LLC（企画・原案）、KADOKAWA、２０１８年．

スバリストならば、大半の方が読んでいるのではないかと思いますが、スバルのテレビＣＭとしてオンエアされたショートフィルム「Your story with」を元ネタに、秋田禎信がノベライズした短編5作が収められた本で、書名もそのまま『Your story with　あなたとクルマの物語』。このようなかたちで生まれた小説は極めて珍しいのではないでしょうか。

収められた作品は、インプレッサが高速道路を疾走するでもなく、フォレスターが悪路を駆け抜けるものでもありません。そもそも、スバルのテレビＣＭ

『Your story with　あなたとクルマの物語』秋田 禎信 （著）、STORIES LLC （企画・原案）、KADOKAWA、2018年.

から生まれた小説とはいえ、映像ではそれなりに扱われていたスバル車（CMなので当然のこと）ですが、「レガシイ」といった車名や「スバル」といったメーカー名が出てくるのはほんのわずか。うっかりしていたら出てきたことさえ気づかないくらいです。

なかでもお気に入りが「父の足音篇」と「助手席篇」の2点。

「父の足音篇」は、クルマが「エンジン音」で表現された傑作で、「その音が聞こえる前から、このルーティーンは始まっている。」「父が車のエンジンをかけている。ぼくはそれを聞いて階段を下りていく。」大学受験を目前にした息子を駅に送る父との会話のない日常を、エンジン音がつないでいるようです。

大学受験が終わり、親元を離れて一人暮らしを始めることになる息子。引っ越しの手伝いにきた両親を見送るときに聞いた車のエンジン音。「その音が、近づくのではなく遠ざかっていくのを初めて聴いた気がした。」との描写は、実際に私自身が息子として、そして数十年後には父として経験した、当時のことが鮮明に思い出されます。

そして、両親が懐しくなった息子は夏休みに帰省します。数か月ぶりに駅に降り立ち、やがて聞こえてきた父が運転する車の耳慣れたエンジン音。

車に乗り込む息子は素直に「ただいま」と。高校時代、ずっと言えなかった言葉だったであろうことは私の経験からも容易にわかります。

息子にとって、父に駅まで送ってもらう毎日の「足」でしかなかった「車」が、父と会話のできる空間になったとき「車」は「クルマ」に変わるのだと思います。本書の副書名「あなたとクルマの物語」とあるように。

そしてもう一つが「助手席篇」。こちらは若い男女のストーリー。人里離れた山道を走る1台の車。運転していたのは広樹。時間は0時を過ぎた深夜。漆黒の闇の中、広樹の車のライトが映したのが若い女性。ありえない状況から恐る恐るその女性に声をかけ、インプレッサの助手席に乗り込んできた彼女は美和と名乗ります。そして若い男女はほどなく恋に落ちるといったストーリーはありがちな展開。この作品のカギはタイトルどおり「助手席」にあります。運転免許のない美和はいつも助手席を温めます。そんな二人の熱い日々を冷ますかのように、広樹はブラジルへの海外転勤を命ぜられます。

そして1年が過ぎ、広樹は帰国します。

スバル・インプレッサ
（トミー）

空港で広樹を待っていたのは、美和と新しいインプレッサ。運転免許を取ったことを広樹に隠していた美和は、真新しい車の助手席に広樹を押し込み走り出します。

運転席に座る美和をまじまじと見る広樹に美和が言います。

「こんな気持ちなんだね」

「え？」

「助手席に、大事な人がいるって」

このようなほのぼのとした「車」ではなく「クルマ」の話が収められた小説です。スバルのホームページやYouTubeで元ネタの90秒程度の映像を見ることができるのが何と言ってもこの作品の楽しみ方の特徴です。

はじめに書きましたように、この作品を読む分には「スバル車」は残像として残りません。純粋に小説として楽しめます。

スバルといえば、まだ富士重工業だったころの２０１３年11月から14年1月にかけて、3回にわたり「道」をモチーフにした美しい広告（15段広告）を朝日新聞に掲載しました。

各回の広告の惹句は、「安全を思うとき、スバルは空を見上げる」「走り続けたくなる、理由がある」「ブルーボクサー、はじまる」。ブルーボクサーとはスバルが独自に開発した環境性能を加えた新発想のエンジンのこと。各回ともスバルの車両とわかる車はなく、空、山、海が紙面を埋めるメッセージ性の高い美しい広告でした。

さらに、２０１５年の5月から7月にかけて再び朝日新聞紙上で「New SUBARU SAFETY」と題したキャンペーンを実施。クルマは控えめにして、子どもや妊婦といった人を前面に、安全性を訴求する広告戦略を展開しました。こういう企業姿勢がオーナーを熱烈なスバリストに育てていくのでしょうね。

クルマを「彼女」と呼ぶ素敵な淑女たち

『Lovin' My Car Women in the Drivers' Seat』 Libby Edelman, powerHouse Books, 2019年．

ギターを抱えた若い女性、セレブ感が全身に満ち溢れる女性、造園業を営む女性、スクールバスの女性ドライバーなど、この本は60人余の女性と愛車の蜜月にフォーカスした写真集です。日本の出版社に、こんな企画書を出したら一笑に伏されてしまうのではないでしょうか。

１９４１年のフォード・スーパーデラックス・ステーションワゴンから２０１７年のジープ・ラングラーまで、セダン、ピックアップ、コンバーチブル、ＳＵＶと、オーナーに溺愛されるクルマがピカピカに磨かれて、なかにはちょっと疲れた様子で、正面から、後方からファインダーに収まります。そうそう、オーナーが女性でも愛車は「彼女」なのだそうです。

何組かカップルを紹介しましょう。

まずは、「ニューヨークタイムズ」の広告で見つけ一目惚れ。３２５０ドルで購入したという１９５６年シボレー・ベルエア。しかもオーナーが「ハニー」や「エンジェル」などと呼ぶ「彼女」は初めてのマイカー。「彼女は夢のように走り、ゴージャスに見えるでしょ」と蜜月ぶりを披露。初めてのマイカーがレストアされた１９５０年代のクルマとは恐れ入ります。

次は、夫からプレゼントされたという１９４２年ダッヂ・１／２トン・ＷＣ・トラックの荷台に足を組んで腰掛けるオーナー。クルマはアイボリーのボディー

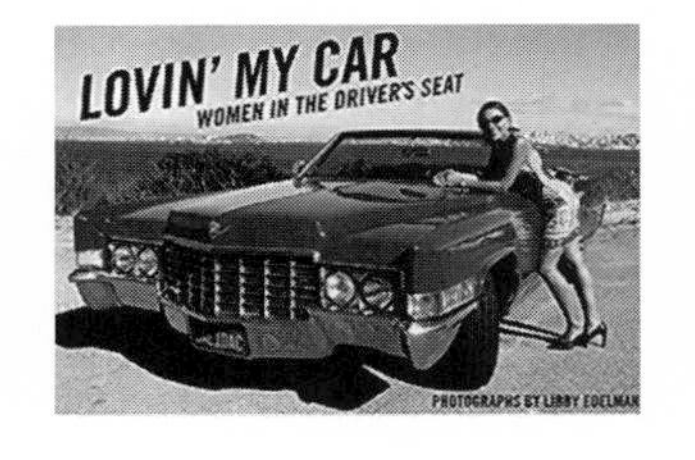

『Lovin' My Car　Women in the Divers' Seat』　Libby Edelman, powerHouse Books, 2019年.

に、前後輪のフェンダーがモスグリーンに塗装され、新しく乗せ替えられたＶ８エンジンは３５０馬力のモンスター車。カンサス州出身のオーナーは特に古いトラックがお好みなのだそうです。どうして、アメリカ人ってこんなにもピックアップトラックが似合うのでしょう。

さらに、１９５６年ナッシュ・メトロポリタンの前で笑顔で写真に納まるちょっと太めのオーナー。ピンクと白のツートーンのこのクルマはオーナーの40歳の誕生日に夫からプレゼントされたもので、実はオーナーが学生時代、父親から譲ってもらったのも黒と白のツートーンのナッシュだったそうです。こんなクルマとの付き合い方って素敵ですね。

最後は、お子さんとオーナーを乗せた真っ赤な１９６３年オールズモビル・ダイナミック88コンバーチブル。オーナーが「ロケット」と呼ぶ「彼女」は、オーナーが住宅を探していた時にガレージに停まっていたクルマで、彼女との恋に落ちたオーナーは、住居を購入してから数年後に念願が叶い、恋を成就させたそうな。

こんな素敵な掌編と、オーナーと彼女の1枚の写真が59点編まれた本書。ア

シボレー・ベルエア
(M2)

メ車だけではなく、欧州車も日本車（トヨタ・ハイラックス、トヨタ・カローラ、マツダ・MX－5 ミアータ）も出てきます。

いくつになってもクルマに恋していたい、と勇気づけられる一冊です。

文学好きで、クルマ好きを自認する方にお薦めの専門書
『クルマが語る人間模様　二十世紀アメリカ古典小説再訪』丹羽隆昭、開文社出版、２００７年.

本書は先におことわりしておきますが、「日本図書コード」の分類上「専門書」に該当するものです。

何をもってどう見分けるのかといいますと、本のカバーの裏表紙に記してあるISBNの下段に「C」に次いで4桁の数字が日本図書コードと言われるもので、これで識別します。本書を例にすると「C３０９８」とあります。Cに続く最初の「３」は「専門書」、次の「０」は「単行本」、さらに「９８」は「外国文学、その他」を表します。要するに外国文学を扱った専門的な単行本です、ということを表しているのです。

コードの仕組みを簡単に示します。第1桁が「販売対象」(0は一般、1は教養、5は婦人、6は学参I（小中)、8は児童、など)、第2桁が「発行形態」(1は文庫、2は新書、3は全集・双書、4はムック・その他、7は絵本、など)、第3・4桁が「内容」(10は哲学、23は伝記、37は教育、42は物理学、53は機械、65は交通・通信、74は演劇・映画、など)。このような決まりに準拠して表示されています。

お近くに太宰治の『走れメロス』の文庫本があったならカバーの裏表紙を見てください。「C0193」となっているはずです。なお、1981年から徐々に導入され始めたので、古い本には記されていません。

研究を生業にしている人以外、自宅の書斎の本棚に、このコードが「3」で始まる専門書がたくさんあるという人は少ないと思います。私は図書館関係の本を10点以上上梓していますが、この専門書のコードが付いている本は1点しかありません（司書課程履修者等に向けて出版された本。単著ではなく分担執筆)。

『クルマが語る人間模様
二十世紀アメリカ古典小説
再訪』丹羽隆昭、開文社出版、
2007年.

本書の「はじめに」の冒頭にこうあります。

「本書は1920年代から60年代にかけて発表された何編かのアメリカ小説において、クルマ（自動車をこう呼ぶことにする）という現代文明の利器がどう表現され、小説の意味とどう結びついているかを考察するものである。別の言い方をすれば、個々の作品に登場するクルマの意味を精査するとその作品がどうみえてくるか、その検証の試みである。」

また、こういうくだりもあります。

「クルマが単に風景の一部として作品中に登場するだけではない。クルマが登場人物の性格、欲望、人生を表象したり、時代や社会の本質まで体現して登場する場合もしばしばである。」

さらに、クルマをテレビやコンピュータとともに現代文明の三大利器のひとつとし、後から登場したテレビやコンピュータにはない「独特の顔や性格」があると指摘。心臓（エンジン）を持ち、足腰（サスペンション）を備え、目玉（ライト）を装備し、血管や神経（大小無数のパイプと電気コード）が縦横無尽に張り巡らされている、と。しかも、「先天的」個性と運転の仕方や保守整備の状況という「後天的」要因により、クルマを見れば乗り手の性格が分かる、とも。数多ある自動車雑誌で「先天的」個性と「後天的」要因だなんて表現はなかなかお目にかかれません。

何と言っても、丹羽は「車」でも「自動車」でもなく「クルマ」という表記にこだわっていることからも、例え難解な専門書であっても、多くの読者の目に触れてもらいたい著作だと思います。

本書で取り上げられた文学作品は、ドライサーの『アメリカの悲劇』、フィッツジェラルドの『偉大なるギャッツビー』、スタインベックの『怒りの葡萄』、ヘミングウェイの『日はまた昇る』など7点。いずれも世界中で読み継がれている不朽の名作ばかり。私は2点を除き既読の作品（のはず）なのですが、『偉大なるギャッツビー』に出てくるロールスロイス以外、どんなクルマが出てきたのか覚えていませんでした。覚えていたといっても、ロバート・レッドフォードが主演した『華麗なるギャッツビー』の記憶です。

本書は３００頁余のハードカバーで、専門書なので、注、参考文献、索引も読み応えたっぷり。専門書というのは、買うときは背表紙に記された価格を見て「高いなぁ」と一瞬躊躇するものの、読み終えると（必ずしも読破できるとは限りませんが）、「この内容でこの価格はお得すぎる。よくぞまとめてくれました」となるのが私の場合の起承転結。本書もまさに労作です。

文学好きで、クルマ好きを自認する方なら、まずは本書で取り上げられた原作を読み（再読もお勧め）、次にレンタルショップで借りてきたＤＶＤで映画を見て、そして本書を読む。こんな贅沢な読書はいかがでしょうか。

珠玉のクルマ広告が満載

『Driving it Home: 100 Years of Car Advertsing』Judy Vaknin, Middlesex University Press, 2008年.

これまでも拙著等で公言していますが、クルマの広告が大好きで、新聞に載った全面や半面広告を収集し始めて20数年になります。一時期はクルマ雑誌に載った広告も切り取っていたのですが、あまりに量が多くなり過ぎてこちらは中断。いまは輸入車を中心に新聞に載った、しかも気に入ったものだけを集めています。いまだに直接、同好の士に会ったことがないので、相当少数派の趣味なのかもしれません。

というわけで、クルマの広告にはひときわ敏感に反応し、気に入った本があれば洋書も含め集めているのが「クルマの広告を編んだ本」です。

拙著『クルマの図書館コレクション』でも書きましたが、日本ではクルマの広告について編まれた本は少なく、時代を表現した数多の商業作品のアーカイブスが不十分で、趣味人の一人として憂慮しているところです。

英語以外の言語の本まで網羅的に収集しているわけではないので偉そうなことは語れないのですが、もしも、この趣味に興味を示した初心者に「お薦めの一冊を」と尋ねられたら、私は躊躇なく本書を薦めます。

その理由は、ミドルセックス大学図書館のコレクションを元にした１００年間のクルマの広告であること。１４０頁オールカラーであること。アメ車と欧州車の掲載点数のバランスが良いこと（日本車も若干あり）。そして、いずれも芸術的に優れた広告であることです。

数点紹介しましょう。まずはＢＭＷから。４気筒、２リッターのエンジンの

『Driving it Home: 100 Years of Car Advertsing』 Judy Vaknin, Middlesex University Press, 2008年.

クルマと、6気筒、2リッターの自社のエンジンを2,500rpmで動かしたときに、エンジン上部に乗せたカクテルグラスに満ちたドリンクはどうなるかを比較した広告。他社のクルマは数多の気泡が躍る「SHAKEN.」の文字が。一方、BMWは表面が僅かに揺れているように見えなくもない「NOT STIRRED.」の文字。そして、カクテルグラスが置かれたそこにはさりげなくBMWの3文字が「語らなくてもわかるでしょ」とでも言いたげに（「The Illustrated London News」1984）。

もう一つシリーズものと思われる作品。同じエンジンの対比で、こちらの回転数は4,000rpm。ボンネットに置かれたのは子どもが学習用に使う数字とアルファベットのマグネット。他社のクルマのマグネットは乱れる一方、BMWは微動だにしないというもの。ボンネット先端のBMWの誇らしげなエンブレムと、お馴染みのキドニーグリルの上部が覗けます（「Vogue」1988）。

コンパリソン・アド（比較広告）もここまで洒脱だと、「あっぱれ」と言いたくなりますね。

次はアメ車。1958年、まさにアメ車の黄金時代のフォードファミリーの広告。イラストで描かれたフォード、エドセル、リンカーン、マーキュリーと、68台のいずれも劣らぬ巨大なセダン、エステート、カブリオレのラインナップは目を見張ります。しかもツートーンも含め極彩色のカラーバリエーション。全長６メートル、全幅２メートル、排気量６リッターが当たり前のようなこの時代、日本ではスバル３６０が誕生したのです。しかも国産車初のマイカーの夢を叶えるクルマとして。全長３メートル、全幅1・３メートル、価格は軽自動車と言え、現在のトヨタ・クラウンの新車くらい。決して安いものではありませんでした。日米をクルマを通して比較をすると、本当に日本の自動車産業は目覚ましい発展を遂げたことがわかります。と同時に勢いは当時と比べものにならないとはいえ、アメリカのクルマ大国ぶりは健在です。

こんな素敵なクルマ広告が１２８点収められた本書。クルマの歴史を知る上でも格好の一冊です。

やっぱりボルボって違うよね、と納得させせられる一冊

『Forty years of selling Volvo』Brooklands Books, 1994年.

私が30代に乗っていたクルマの一台がボルボ240GLワゴンです。当時、新車で買おうとしたら乗り出しで450万円ほどしたクルマです。新車は到底手が出ないので、「赤」という条件だけディーラーに伝え、手ごろな価格の中古車が出てくるのを待ってオーナーになりました。マニュアル車が希望だったのですが、なかなか出てこないとのことで、仕方なく決めたのはATの左ハンドル車。荷室のフロアを開けると、後ろ向きのサードシートが現れるという、幼い3人の子どもたちにとって楽しいクルマであったようです。

このボルボに乗らなければ、多分、クルマの新聞広告収集はしていなかったと断言できます。当時のボルボの広告は新聞だけではなく雑誌も含め本当にすばらしく、他の輸入車とは一線を画していると言っていいほど芸術的であり、地球環境への配慮など矜持に満ちた作品でした。

『Forty years of selling Volvo』Brooklands Books, 1994年.

私がオーナーになった１９９０年頃のボルボは現在のようなお洒落なイメージはなく、むしろ若者には格好悪いとのイメージがあったようです。１９７４年から20年間製造された２４０は90年代になると、新車なのにクラシックカーのような佇まいで、それがまたたまらない魅力でした。

本書は書名からわかるように、４４４Ｓ＆５５５Ｓから８００＆９００シリーズまでの北アメリカにおける40年間のボルボの広告史です。大半の頁がモノクロなのが残念なのですが、堅牢な構造、環境への配慮、人命を守る、といったボルボ定番の「売り」は、カラー印刷でなくても十分に伝わってきます。

７台もボルボを積み上げても、一番下のクルマですら変形していないという堅牢さをアピールしたり、アメ車と比較し頻繁なモデルチェンジを行わない姿勢を強調したり、オーナーがボルボの走行距離を自慢したりといった他社との差別化や、速さや豪華さを主張しないのがボルボの広告の特徴と言えます。

頁をめくると出てくるのが、思い出深い２台のクルマです。１台はＰ１８００。メルセデス・ベンツＳＬ（初代３００ＳＬ）やアストンマーチン（ＤＢ５）と比較しても遜色ないクルマでありながら、価格はそれらの半値以下で

ボルボ・アマゾン
（ミニチャンプス）

あることをアピール。私が小学生の頃、埼玉に住む叔父がこのP1800に乗っていました。流麗なプロポーションは今でも憧憬の1台です。

そしてもう1台はアマゾン。付き合いはSNS上だけでしたが、還暦前に逝ってしまった友人が若いころに乗っていたというクルマです。出版社勤務ということもあり図書館界の多くの友人から敬慕されていた方でした。互いにクルマ好きということで通じ合うところも多く、彼の入院先に手紙を送ったこともありました。葬儀に参列した友人から拙著『クルマの図書館コレクション』が棺の中にありましたよ」と知らされ、一度も顔を合わせられなかったことを本当に悔やみました。

クルマって記憶を呼び起こすものでもありますよね。成就できなかった彼女とのデートに頑張ってくれたクルマ、初めての子どもを抱いた妻を病院に迎えに行ったときのクルマ。本に語りかければ、「今、呼んだかい？」って、その時代と記憶とともに紙面から飛び出してくるような気がします。

イギリスのポリスカー100年余の歴史書
『Police Cars』Malcolm Bobbitt, Sutton Publishing, 2001年．

カーチェイスが見どころの映画は努めて観るようにしています。スクリーンの中で決まって壊れまくるのは正義の味方のポリスカー。あまりに壊れまくるので興ざめしてしまう作品がときおりあるくらいです。映画だからといって、ここまで壊す必要があるのだろうか、と。

しかし、映画ではヒーローにやられっぱなしのポリスカーですが、自動車運転免許を取得して40年、いまだに映画のようにクラッシュしたポリスカーを見たことがありません。

日本では上映される作品点数及び内容の関係で、ポリスカーというとアメリカの州のマークが描かれたセダンが直ぐに思い浮かびます。俊敏そうにはとても見えず、小回りも効かない。これで犯人が追えるのだろうかといつも思いながら観ています。

『Police Cars』Malcolm Bobbitt , Sutton Publishing、2001年.

一方、ヨーロッパに目を転じると、ポリスカーはサイズもコンパクトになり、国によってカラーリングも様々です。シトロエン2CVやルノー4のポリスカーを見ると、本当に大丈夫なのだろうか、と心配になります（笑）。

本書は、日本では出版されたことのないと思われるイギリスのポリスカーの100年余の歴史を綴ったものです。写真も豊富ですが、文章も硬めで学術的な本です。もともとイギリスのポリスカーは1950年代は「黒」だったとのこと。また、MGやダイムラーSP250といった二人乗りのオープンカーや、旧ミニ、フォード・アングリア（「ハリー・ポッター」でアーサー・ウィーズリーの魔法で飛べるようになったクルマ）など、見ようによっては可愛いとしか見えないポリスカーが満載です。

時系列で著された歴史の最後の頃にはボルボが現れ、その造りの良さが高く評価されています。イギリスの自動車産業の衰退がそのままポリスカーに表れています。

ビートル英パトカー
（ホンメル）

ビートル独パトカー
（ホンメル）

先述したように「見る」よりは「読む」本なので、英語力をそれなりに要しますが、ポリスカーマニアには写真だけでもたまらない魅力的な本です。写真の被写体は警察車両だけではなく、当時の警察官も一緒に写っているものが多く、モノクロという点が残念ですが、学術的な本だと思えば仕方ないかもしれません。

読んで楽しむブリキのクルマ

『ブリキの自動車コレクション―1910~1970』高濱進、新風舎、２００４年・

『ブリキ自動車 北原照久コレクション（T.KITAHARA COLLECTION）』北原照久、シンコーミュージック、１９９５年・

私はブリキのクルマを両親に買ってもらった記憶はありません。遡れる最も遠い記憶でクルマを買ってもらったのはアサヒトーイのモデルペット No.15「プリンス・スカイラインスポーツ」（1／42）です。千葉県の佐原市（当時）

に出かけた時に初めて買ってもらったミニカーでした。当時の我が家のマイカーは、マツダ・R３６０クーペだったか、初代スバル・サンバー（キャブオーバー型ワンボックス）であったかは定かではないのですが、そのどちらかのクルマの車内で買ったばかりのスカイラインスポーツを帰路の車内で落とし、フロントウィンドー（オープンカーなので窓はフロントのみ）に傷をつけてしまうという大失態を犯しました。多分、注意不足を叱られたでしょうし、そんなことより買ってもらって直ぐの、しかも初めてのミニカーを傷つてけしまったことで相当意気消沈していたことは想像に難くありません。

ブリキのクルマに興味を持つきっかけとなったのは、古い玩具がバブリーな価格で流通していることを知った20年ほど前のことです。テレビの鑑定番組で北原照久が口にする驚愕の買値に、大人なら誰でも「あ～、これ持っていたなぁ」とか「友だちにあげちゃったよ、ただで」など、溜息をついていた読者は多いのではないでしょうか。

そんなとき物置きから見つかったのが、「鉄人28号バス（日本製）」

『ブリキの自動車コレクション―1910~1970』高濱進、新風舎、2004年.

『ブリキ自動車 北原照久コレクション (T.KITAHARA COLLECTION)』北原照久、シンコーミュージック、1995年.

や「クラグスタン（CRAGSTAN）のインターナショナル・ストックカー（外国製）」など、数点の箱入りで未使用のブリキのクルマや、私が小学校低学年のころに駄菓子屋で売っていた玩具の時計などでした。どういう経過で我が家の物置きに眠っていたかはわかりませんが、私の中ではちょっとしたお宝騒ぎでした。

とういうものの、ミニカー（1／43スケール以下のサイズ）に比べ、ブリキのクルマは大きなサイズのものが多く場所をとることから収集のきっかけにはなりませんでした。

高濱進の本は、１９１０年から１９７０年頃までに日本で作られたクルマが中心で、その多くが背景をややぼかして屋外で撮影されたもので、趣きのあるクルマの風景になっています。日本車、アメ車、欧州車と国別・メーカー別に編集され、製造メーカー、サイズに、著者の短いコメントが入っているので読み物としても楽しめます。

本書で初めて知った言葉が「とりいベンツ」。メルセデス・ベンツ２３０ＳＬ（Ｗ１１３）の屋根を指しての表現とのことですが、パ

マツダ・R 360 クーペ
（缶コーヒーおまけ）

メルセデス・ベンツ 230 ＳＬ
（缶コーヒーおまけ）

ゴダルーフとしか知らなかったので、この表現はトリビアでした。

掲載車は約３００台。ブリキのバスの実物大（45センチ）が折りたたまれているのは圧巻。ソフトカバーというのが残念ですが、コレクターズアイテムの一冊となることは間違いありません。

バンダイでシトロエンＤＳのセダン、カブリオレ、ワゴン（サファリ）がモデル化されていたなんて本書で初めて知りました。このことを知らなかったことがかえすがえす残念でなりません。

もう一冊は北原照久が編んだ本。１９５０年代の黄金期のアメ車の存在感はブリキでも健在。１９５０年代のキャデラック（シリーズ59）は原寸（全長３１５㎜×全幅１２５㎜×高さ95㎜）で掲載。当時の実車のゴージャスな雰囲気がブリキ製ならではの光沢と相まって十分に伝わってきます。

多くは全長３００㎜前後のようですが、なかには全長６４５㎜もあるキャデラック・エルドラドなどもあり、ブリキのクルマ収集は相当な場所を要するので、相当な覚悟が必要ですね。

掲載されたクルマは２００台余。巻末には60台余の解説とインデックスがあり、さらにハードカバーというのも保存する上でありがたい装丁です。なお、1998年に再刊されています。

あらためて、クルマの美しさに溜息
『Grilles & Tails』Don Spiro, Friedman/Fairfax Pub, 2000年.

以前、拙著に「クルマはフロントよりリアスタイルが好き」と書いたことに某児童書系出版社の社長さんが興味を示され、たまたま接見する機会に、企画書を出してくれませんか、と言われたことがありました。

複数のクルマのフロントとリアの写真またはイラストをランダムに載せ、「このクルマのお尻はどれかな〜」的なアイデアで、候補となるクルマも具体的にピックアップしたのですが、あえなく企画（案）はボツになってしまいました。もしかしたら、児童書も出せるかもしれない、とワクワクしていたのですが、世の中甘くはありませんでした。

その後しばらくして本書に出遇いました。この本に載った80台余のクルマは、

『Grilles & Tails』 Don Spiro, Friedman/Fairfax Pub, 2000年.

ボンネットのマスコットのアップだけだったり（実物よりも大きな写真）、テールランプの一部だけだったり、リアフェンダーだけだったりと、クルマのパーツ一つ一つが強烈に自己主張しているものなど、実はクルマを見る楽しみはパーツや部分の「意匠」にあることを痛切に教えられました。

例えば1939年式のアルファロメオ・コルサ。真正面からのアップは大きく飛び出した両フェンダーの曲線の美しさを際立たせ、漆黒のボディに抗うようにフロントグリルの周辺に施された朱色のコンビネーションはまるで漆器を見ているかのようです。

1958年式エドセルは巨大なサイドビューが見開きで紙面いっぱいに現れます（頁を開くと両端まで58㎝）。小ぶりな欧州車好きの方には、好みの分かれる典型的なアメ車の無節操な「横顔」。ショッピングセンターの駐車場のスペースも、自宅のガレージも、どうやって停めようかなど考えなくていい、全てにおいて余裕のアメリカを走るクルマの、人間の社会生活におもねることのない大胆さが溢れています。載っているのは4ドアセダンの「レンジャー」。全長5414㎜と当時のアメ車としてはヘビー級クラスではないものの、現代の日本のクルマと比較しても余裕あるスタイル。１９５８年式のエドセルといえば、たった1年で顔を変えてしまった不評の「horsecollar（馬の首）」と揶揄（やゆ）された個性的なフロントマスクが特徴のクルマ。横顔だけかといえば、真正面の「お馴染みの顔」も載っています。

１９５４年のコルベットといえば、お尻の両端の突起物の先端に、本当にちょこっとだけ付けられた赤いテールランプが特徴の一つ。メッキバンパーの形状も独特ならば、マフラーもこれまた意表を突くように出ている唯一無二の「お尻」。その三つがバランスよく写真に収められています。

角度を変えたり、ある部分にフォーカスしたりすると、クルマってクセの強いバイプレーヤーが潜んでいることに気づかされます。

クルマの写真といえば全体を撮ったもののイメージが定番ですが、ある特定の部分にカメラを向けてもこんなに神秘的で美しい写真が撮れるものと気づかされ、あらためてクルマは愛でるものなのだと痛感させられます。

ハバナに行く前の必読書
『キューバの自動車図鑑』和田由貴夫、ぽると出版、２０１５年．

いま、最も行きたい国はキューバです。そこでしたいことは首都ハバナでひねもす往来する古いアメ車などを眺めること。クルマ好きには良く知られた事実ですが、一般的にはそれほど知られていないような気がします。友人（決してクルマ好きというわけではない）がハバナで撮った写真を数枚を見せてもらいましたが、全てポストカードにしたいような景色や街に溶け込んだ素敵なものでした。クルマ好きにはまさに桃源郷です。

キューバが社会主義国となったのは１９５９年のキューバ革命以降。そしてアメリカと国交断絶となったのが１９６１年。その結果、アメ車の輸入は途絶え、キューバ人は何度も何度も古いアメ車を直しながら乗り継いできたことで、ガラパゴス化したものです。

日本でもかつてほどではないにせよ、輸入車の販売価格は本国に比べ安くは

『キューバの自動車図鑑』和田由貴夫、ぽると出版、2015年.

ありません。輸送費や関税など、そうなることは仕方のないことですが、キューバでは欧州車の価格は本国での販売価格の5倍もするようです。新車だけではなく中古車も高額で、平均的な国民の収入では中古車ですら高根の花というのが現実。半世紀も続いた自動車の輸入制限が撤廃されたとはいえ、まだまだ古いアメ車は国民や観光客の移動手段のようです。

　本書は、「キューバで見かけた乗用車」と「キューバで見かけた商用車」に大別され、前者はアメ車とヨーロッパ等の車、後者はバスやトラックを紹介しています。

　収められたクルマの多くは、オリジナルの部品がないため整形されたもの（お洒落なドレスアップではなく）、日本なら廃車置場にあるよう

プリムス・フューリー
（M２）

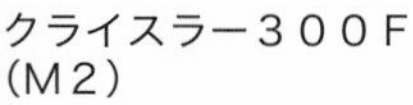

クライスラー３００F
（M２）

シボレー・エルカミーノ・
ピックアップ
（ホットホイール）

な状態のものが大半で、美しいクルマの写真の本ではありません。エンジンを乗せ替えているクルマも少なくないので、どんなエキゾーストノートを響かしているのか気になります。

トラックになると、その改造ぶりは過激さを増し、キャブから後ろはオリジナルでないものや、どこまでがオリジナルなのかわからないものも。こちらはアメ車に限らずソビエト製、中国製、日本製も。

バスはオンボロのスクールバスもありますが、ベンツやボルボなどの旧式ではないバスや、日本の「日野」のマークをつけたオランダやベラルーシのバスまで、バス好きには興味深い写真が並びます。

本書に掲載されたクルマは３００台ほどで、インデックスもついているのでとても便利です。

その国の「いま」を市中を往来するクルマにフォーカスすることで「語った」のが本書。同じ視点で各国版があったら面白いだろうなと、思いました。クルマは歳を重ねるほどに雄弁になることを教えてくれる本です。

老若男女、だれが乗っても「カッコいい」クルマ

『ミニ カタログ コレクション』サドルシューズ／編、ナツメ社、１９９１年.

クルマの新聞広告ほど自慢できるものではありませんが、クルマのカタログも集めています。こちらも新聞広告同様、コレクションの大半は気に入っている輸入車のみで、ひたすら集めまくっているわけではなく、量より質のコレクションです。

カタログは新聞や雑誌の広告と違い、イメージだけで編集するわけにはいきません。主要諸元は不可欠ですし、カラーバリエーションの選択肢、内外装の特徴など、消費者が求めるコンテンツを網羅していなければなりません。そこが広告と大きく違うところです。

ミニは、イギリスのブリティッシュ・モーター・コーポレーション（ＢＭＣ）が生み、生産や販売は幾たびか変わりながらも、基本設計の大きな変更はなく１９５９年から２０００年まで40年余、世界中のファンに届けられたクルマで

『ミニ カタログ コレクション』サドルシューズ／編、ナツメ社、1991年.

す。

本書は、まだミニの生産が続けられていた１９９１年に出版されたもので、「モーリス・ミニ・マイナー」、「オースチン・セブン」、「モーリス・ミニ・MK－Ⅱ」「ブリティシュレイランド ミニ・クーパー S MK－Ⅲ」など懐かしいカタログが満載。さらに、カントリーマン、トラベラー、モーク、ピックアップ、バンなどの兄弟車や「ウーズレー・ホーネット MK－Ⅱ」なども載っています。珍しいものではカナダのミニ１０００のカタログ。バンパーやフロントグリルが日本で見慣れたものとちょっと違っていて興味深いです。

日本語のカタログも、日英自動車の「ミニ１０００ ハイライン」やオースチン・ローバー・ジャパンの「オースチン・ローバー・ミニ」など、ファンならば見覚えのあるカタログも掲載されています。

生産国イギリスのカタログを中心に、こうした本が日本で編まれること自体珍しいことで、それだけミニというクルマがこの日本で愛された証左でもあると思います。

累計５３０万台が生産され、１９００年代の名車を選ぶ「カー・オブ・ザ・

センチュリー」では、フォード・モデルTに次ぐ第2位に輝いた世界のクルマ史にその名を刻んだ名車、ミニ。

本書の「あとがき」の末尾に「まだ他にも楽しいカタログがあるのですが、それはまたミニがもう少し時間を積み重ねとときにでも。」とあります。この言葉を信じて、続編が出るのを楽しみに待っています。

全米で怒涛の快進撃を続けたビートルの広告戦略

『かぶと虫（フォルクスワーゲン）の図版１００選』西尾忠久、誠文堂新光社、１９７０年.

西尾忠久といえば、フォルクスワーゲン・ビートル（タイプI）の広告について、『フォルクスワーゲンの広告キャンペーン』（美術出版社、１９６３年）、『VWビートル　発想トレーニング副読本』（ロングセラーズ、１９８０年）、『クルマの広告　大人のための絵本』（ロングセラーズ、２００８年）などの著作からも、斯界でよく知られている方です。

本書はニューヨークの広告代理店DDB（ドイル・デーン・バーンバック社）

『かぶと虫（フォルクスワーゲン）の図版100選』
西尾忠久、誠文堂新光社、
1970年.

が1959年、米国の『ライフ』8月の第一週号から手掛けたビートルの斬新な広告手法とその成果をまとめたものと、実際の図版100点の解説から成る、広告好き、かつワーゲンファンにはたまらない一冊です。

ビートルのアメリカへの正規輸入は1949年。この年にアメリカ大陸に運ばれたのはわずか2台。1954年には6343台となり、1955年にはドイツ本社の100%出資による販売会社のアメリカVW社が設立。1957年には6万4803台と急伸します。そして、いよいよ稀代の広告キャンペーンが展開され、1968年には42万3008台と全米を席巻していくのです。

当時のアメ車とは真逆ともいえる、大きくない、速くもない、そして「ugly（不格好）」「homely（不器量）」、「funny（ぶざま）」、「snub nose（ししっ鼻）」などと自虐的に宣伝する安価なクルマが、アメリカ人の、しかも高所得者層に受け入れられていったのです。

いまも日本の新聞広告では、メルセデス・ベンツやBMWやボルボといったメーカーは1面（15段）広告はカラー刷りが多いのですが、なぜかフォルクスワーゲンはモノクロが多いのです。この秘密が本書でわかりました。当時のビー

フォルクスワーゲン・ビートル
（グリーンライト）

トルの広告は誠実、質素、機能的といったイメージを保つため、あえてモノクロにこだわったとのこと。11年間にカラーは僅か15点しかないのです。ですから、本書に掲載された１００点の図版のうち、カラーは11点で、89点がモノクロなのです。

あくまで、モノクロはビートルに限ったもので、ステーションワゴンなどはカラーだったようです。

極彩色のツートンカラーやド派手なメッキ塗装を際立たせたカラー広告のアメ車に対して、全て真逆の広告で市場を切り開いたサクセス・ストーリーはビートルファンでなくても、興味深い広告史・文化史として楽しめます。

ここまでくると、究極のマニア道

『The Complete U.S. Automobile Sales Literature Checklist 1946-2000』Kenneth N.Eisbrener, Iconografix, 2005年．

「Sales Literarure」ですから、販促のために作製されたカタログやパンフレッ

『The Complete U.S. Automobile Sales Literature Checklist 1946-2000』Kenneth N.Eisbrener, Iconografix, 2005年.

トにどんなものがあるのかをチェックするための本です。初めてこの本を手にしたときは、こんな本があることに本当に驚きました。

アメリカの自動車会社48社が50数年間に出したCatalog、Folder、Sheet等の種類やカラー・モノクロの別、頁数、サイズまで詳細なデータが収められています。1点の写真すらなく、データだけが羅列された無味乾燥な本といえばそれまでですが、これもまた労作で、コレクターにはありがたい一冊です。

こんな本を出版して採算がとれるのかと私が心配してもしょうがないことですが、この本に限らず、本当にアメリカのクルマ文化ってすごいなって思います。

この出版社は、アメリカの昔からのトラック専用ドライブインの写真集や、アメリカのトラックメーカーのマック社の写真集など、面白い本をたくさん出しています。

クルマ学上級試験②

Ｑ４　「巨人の星」（原作：梶原一騎、作画：川崎のぼる）の主人公、星飛雄馬の永遠のライバルの一人が花形満。花形モーターズの御曹司の彼が駈っていたのは「ミツル・ハナガタ２０００」というオープンカー。このクルマのエンジンは６気筒ＯＨＶで排気量は１９８５ccとのこと。さて、エンジンが搭載された場所はどちらでしょうか？

フロント　　　　リア

Ｑ５　全13曲、全てクルマを題材にした歌で構成されているアルバムを出したアーティストはだれでしょう？

奥田民生　　　柳ジョージ

＊回答は、巻末233ページ

第3章

図書館司書に捧ぐクルマ本

現職の図書館員時代、夢によく現れたシーンといえば、難しいレファレンスを受けてあたふたしている自分でした。そんなときにいつも思ったのは、このような質問を受けたときに答えられる本を早く出してほしいという出版社への願いでした。どんな本が必要ですか、と出版社から問われたら、いくらでも書き出せました。一読者として本に向き合う場合、好きな世界しか見えませんが、図書館員はあらゆるジャンルに関心・興味を持たなければ選書が偏ってしまいます。現に偏っていると言えなくもない図書館もときおり見かけますが、特に「クルマの本」は司書はお好みではないのか、他のジャンルと比較して不十分と言わざるをえません。

「クルマだけ特別に扱って」など毛頭言うつもりはありません。せめてもう少し関心をもっていただき、そしてこんな便利な、大切な本（いや、資料でしたね）があるのですよ、と司書の皆さんに捧げたい本をセレクトしました。もちろん、紙面の都合で何百点もある候補から厳選したものです。1点でも2点でも気に留めていただけるものがあれば嬉しいです。

はたらくクルマといえば、やっぱりパトカーですよね

『パトカーバイブル』枻出版社、２００７年．

男の子ははたらくクルマが大好き。なかでも消防自動車とパトカーは日常生活の中で見慣れたクルマの双璧ではないでしょうか。

私は高校時代、パトカーに追われながらも（ちょっとした不注意の交通違反）、90ccのバイクで逃げ切った1勝と、覆面パトカーと知らず、そのしつこい運転にイラッときてカーチェイスを展開し捕まった1敗の、パトカーとの生涯戦績は1勝1敗。

公道で最も遭遇したくないクルマでありながら、サイレンを轟かせ交通違反車を追いかけ疾走するその雄姿にはいつも惚れ惚れします。

パトカーについて書かれたネット情報はあふれており、本書でなければわからないという情報というものではありませんが、一冊の本としてまとめてあることが「情報」とは違うところです。

『パトカーバイブル』枻出版社、2007 年.

　また、類書も数多く出ています。それぞれ編集方針が違うので、本書がナンバーワンという基準があるわけでもありません。元図書館員として、使えそうな本、パトカー好きの子どもが喜びそうな本という視点でセレクトしました。発行は２００７年とちょっと古い本なのですが、ここまで痒いところに手が届いた編集に嬉しくなってしまうのです。

　パトカーの装備機器、都道府県別のパトカー検証、パトカーのカタログ（あるのですねぇ）、珠玉のパトカーコレクション、世界のポリスカーなど、お見事な編集に脱帽です。

　例えば、都道府県別パトカー検証では、車両に書かれた○○警察の書体（明朝体、ゴシック体、楷書体など）の違いや、主要な車両の車種、国費と都道府県費車両の違いなど、「知らなかった世界」が頁をめくるたびに現れます。

　珠玉のパトカーコレクションでは、スカイラインＧＴ－Ｒ、ホンダＮＳＸ、三菱ＧＴＯ、フォード・マスタング・マッハ１（５７００cc、Ｖ８）、ＢＭＷ５シリーズ、マツダ・初代コスモスポーツＡＰなど、パトカーの衣装をまとった、およそパトカーには不釣り合いなクルマも紹介されています。

日本のポリスカー
初代クラウン
（グリコのおまけ）

本書で一番好きなのが世界のポリスカーを紹介した「ミニチュアポリスカー一斉捜査」。このネーミングがこれまた秀逸。ダークグリーンもしくはダークグリーン＆ホワイトのツートンカラーのドイツ、ブルーのイタリア、ホワイト、ブルーなどのフランスなど、車両のカラーリングの違いや、各国の車両の違いも楽しめます。香港の旧ミニのパトカー、イタリアのランボルギーニ・ガヤルドなど、実際に目にしたら感動でしょうね。
日本の覆面・捜査・警護車両のミニカーまで載っているのは愛嬌ですね。

クルマが主演級の映画好きにはたまらない本

『Cars in films:great moments from post-war international cinema』
Martin Buckley with Andrew Roberts, Haynes, 2002年．

派手なカーチェイスで傷だらけになったクルマ、のんびり旅をする穏やかな表情のクルマ、殺人鬼と化したクルマなど、映画の中でときにクルマは主役顔

『Cars in films:great moments from post-war international cinema』 by Martin Buckley with Andrew Roberts,Haynes,2002年.

負けの活躍を見せます。

２００８年（米国）に公開されたクリント・イーストウッド監督・主演作『グラン・トリノ』。タイトルは１９７２年から１９７６年にかけて生産されたフォードの車種名です。クリント・イーストウッドの演技もさることながら、モスグリーンのクルマが印象に残る、まさにグラン・トリノが語りかけてくるような作品でした。

このように、映画のタイトルに車名が使われるのは珍しく、ほとんどの作品はよほどのクルマ好き以外、多くの観客はわからないままなのではないでしょうか。

『フレンチ・コネクション』でジーン・ハックマンが激しく駈った「ポンティアック・ルマン」、『ドライビング・ミス・デイジー』でモーガン・フリーマンが穏やかに運転した「ハドソン・ホーネット」、『レインマン』でダスティン・ホフマンを助手席に乗せトム・クルーズが運転した「ビュイック・ロードマスター・コンバーチブル」、『クリスティン』で邪悪な意思を持つクルマとして描かれた「プリムス・フューリー」など、皆さんはどれだけ覚えていますか。

本書はクルマが主役級の活躍をする２００以上の映画を扱った日本では見かけない本で、１９５０年代から90年代前半の洋画が対象となっています。「モーター・レーシング」、「ブリテッシュ・コメディ」、「ホラー＆ファンタジー」「警官＆強盗」「ヒーロー＆悪役」など11のジャンルに分けて紹介。掲載されている作品の写真のほとんどは主演級のクルマが中心なので、クルマ好きにはたまりません。

ちなみに、カーチェイスだけに絞った『THE GREATEST MOVIE CAR CHASES OF ALL TIME』（MBI publishig, 2006年）のように、洋書では類書は出ているようです。

インターネットでも検索できなくはありませんが、やはり情報の確かさは本ですよね。英語がハードルという方もいるかもしれませんが、レファレンスと用途を決めずに洋書として図書館に置いて、日本人にも外国人にも読んでもらいたいものですね。

プリムス・フューリー
クリスティーン
（ＡＷ製）

クルマの先端の小さくも優雅なコレクションの世界

『Automotive mascots : a collector's guide to British marque, corporate & accessory mascots』 David Kay&Lynda Springate, Veloce, 1999年.

私の友人にはクルマ絡みのグッズコレクターはたくさんいますが、カーマスコットを収集しているという人は一人もいません。博物館で展示されているものを見たことはありますが、これを集めたいとい衝動にかられたこともありません。調べたこともないのでよくわかりませんが、高価なものなのであろうという諦めからかもしれません。

元々はラジエーターキャップという実用を兼ねたもので、それが装飾を凝らすようになり、その名残りがエンジンフードのマスコットへと移り変わってきたのがカーマスコット。メーカー純正もあれば、組織用や個人用もあり、単なるアクセサリーまで、英国車の５００点以上のマスコットがカラーで紹介されています。

マスコットと言えば、ロールスロイスの「スピリット・オブ・エクスタシー」が誕生したのが１９１１年。一般には「フライングレディ」と呼ばれる、ボンネットフードに燦然と輝くマスコット。ロールスロイスの気品を保つために標準装備されたと言われています。

ちなみに、１９３３年から１９５０年にかけては「kneeling Lady」とした「ひざまずく」レディ像があったことを本書で初めて知りました。

ロールスロイスと並び、あまりにマスコットが有名なのがジャガー。獲物に飛びかからんと跳躍するジャガーの姿はご存知の方も多いのではないでしょうか。他のメーカーは時代とともにマスコットも変わってきていますが、ロールスロイスやジャガーはもはや定番。とはいえ、時代とともに多少のデザインの変化はあるようです。こんなことを知ると、図書館員は黙ってはいられないのではないでしょうか（笑）。

考えてみたら、ラジエターキャップ以降は、あえて風雨にさらされるボンネットフードに、メーカーの矜持というよりお洒落な装飾として付けられたマス

『Automotive mascots:a collector's guide to British marque, corporate & accessory mascots』 David Kay&Lynda Springate, Veloce,1999年.

コット。自動車文化が日本よりはるか早く花開いた英国ならではの文化と言えなくもありません。

本書にこんな4コマ漫画が紹介されていました。道路の交通整理の係員らしき男性に、並んで停まるよう指示された2台のクルマ。男性が運転するクルマのエンジンフードには男性を模ったマスコットが。もう1台は女性が運転するクルマで、こちらは女性を模ったマスコットが。男性のマスコットが隣のクルマの女性のマスコットにプロポーズ。すると女性の運転するクルマからマスコットが隣のクルマに飛んでいきます。そして、係員が前に進みなさいと指示するも、動き出さないクルマ。それもそのはず、男性が運転するクルマの助手席には女性が座り、男性の肩に寄りかかっているではありませんか。1932年の作品ですが何とも優雅な4コマ漫画です。

クルマってなんてお洒落な乗り物なのか、マスコットから覗く、ある時代の英国の文化史です。

クルマのパーツひとつにもルーツはあります

『クルマを楽しむルーツ物語　エッセイ／〝時を駆けた名車たち〟』
間宮達男、文園社、１９９１年・

全米でベストセラーとなったアレックス・ヘイリーの『ルーツ』が発売されたのが１９７６年。それ以降、「ルーツ」は日本でも日常会話の単語として使われ、数多の書名にも使われています。「名字のルーツ」「日本人のルーツ」「ジャズのルーツ」など、「ルーツ」という言葉に私は敏感に反応しますし、図書館員時代の選書の際も同様でした。知的好奇心を刺激する魔法の言葉かもしれません。

となれば、ガソリン車が走り出したのは１８８５年。ドイツのカール・ベンツがつくったモートルワーゲンが、そのルーツとなります。４ストローク、後輪駆動、出力は０・８馬力、時速は16㎞だったようです。屋根もなければ、ドアもない、窓ガラスもない裸の乗り物でした。

裸同然の乗り物に、ハンドルが梶棒から丸型になり、屋根が付き、ドアが付

『クルマを楽しむルーツ物語 エッセイ／〝時を駆けた名車たち〟』
間宮達男、文園社、1991 年

き、夜間に前方を照らすヘッドライトが付き、空気入りタイヤが発明され、方向指示器が付き、ワイパーが付きと、部位には部位のルーツあり。こうなると、俄然、知りたくなるというか、利用者に知ってほしくもなるのが図書館員の性。

クルマに全く詳しくなくても、本書を通読後に知識の一端を口にしようものなら、たちどころに「よっ！クルマ博士」となるのは請け合いです。クルマ好きを自慢する誰かに「じゃ、これ知ってる？」と喋りたくなることが満載です。

１８９４年、最初の長距離ドライバーとして、９４０km を走破したドイツのフォン・リービッヒ男爵。このとき消費したベンジン（ガソリン）は２００リットル。では、ラジエーターが開発される前のこの時代、エンジンを冷却するために使われた水は何リットルでしょうか？答えは１５００リットルです。

こんな話が満載の本書。30年ほど前の本ですが、求めるルーツは今も変わりはありません。

クルマのプラモデルの箱絵が一冊に

『クルマのプラモ―懐かしの名車&箱絵勢ぞろい　カープラモ愛蔵版』高安丈太郎／監修、メディアワークス、１９９８年・

プラモデルと箱は切っても切れない大切なものであると知ったのは、大人になりプラモデルを作らなくなってだいぶ経った頃でした。それはＬＰレコードと帯、本と帯、ミニカーと箱、雑誌と付録といった関係と似ており、「ある」のと「ない」のとではリセール価格が大きく違うことをテレビ番組で知り、地団駄を踏んだかつての子どもたちがたくさんいるはずです。

しかし、雑誌の付録やプラモデルはつくることが目的なわけで、つくらないでとっておくというのは子どもには酷な話。将来高く売れるかもしれないというのは大人の打算、夢があるようで夢のない話のような気がします。

そういうわけで、この本を知ったときは快哉を叫びました。しかも戦車、飛行機、アニメのキャラクターなどは一切含まず、クルマだけというのですから

『クルマのプラモ―懐かしの名車&箱絵勢ぞろい カープラモ愛蔵版』 高安丈太郎/監修、メディアワークス、1998年

たまりません。

思い出そうとしても全く思い出せないのがプラモデルの箱絵。いまならデジカメで記録するところですが、プラモデルに夢中だった当時（昭和40年代）の我が家にカメラはありませんでした。夢中だったとはいえ、それは街の小さな玩具屋で買っていたもので、当時数千円するような精巧なものではありませんでした。

本書の圧巻は700点ほどのカラーの箱絵。ただただ感動です。田宮、長谷川、フジミ、イマイ、童友社など、掲載点数が多い分、写真が小さいのは残念ですが、箱絵独得の描画がすばらしいのです。

これまで20数台、クルマを乗り継いできた私にとって、かつての愛車がモデル化されていたのか探すのも楽しみの一つ。また、ミニカーとは違うモデル化も比較してみると面白いものがあります。

イマイの「イノチェンティ・ミニ・デ・トマソ」は「おそらく世界でただひとつ」とコメントがあるように、目が点になりました。

一度葬り去られた金型に生命を注ぎ込む童友社のプラモデルづくりの矜持。

ライバル不在のアメ車や1／32国産絶版車シリーズに挑戦する有井製作所、マイナーな車種をぞんざいに扱わずモデル化するイマイなど、プラモデル各社のマーケティングの違いなど深淵な世界に引き込まれます。

巻末には「クルマプラモ　オールリスト」があり、模型メーカー別に車メーカー、商品名（車種）、スケール、価格と、２８００台もデータを見ることができます。まさに労作の極み。「昔作ったことのあるクルマのプラモデルについて調べたい」なんてレファレンスには強い味方になると思います。

これ一冊でクルマ文化史はコンプリート
『世界の名車　絵で見るくるま文化史』五十嵐平達、朝日新聞社、１９７７年.

クルマには全く関心がないのだけれど、司書という仕事柄、文化史的側面からクルマに関する知識を身につけたいと思っている方に捧げたい一冊。なにせ文字が少ない。サイズがコンパクト（Ｂ６判）。ハードカバーで造りが良い。コー

『世界の名車　絵で見るくるま文化史』
五十嵐平達、朝日新聞社、1977年.

ト紙なので写真がきれい。収録されているクルマは実車を撮影したものではなく、著者が50年余蒐集したクルマのイラスト画のカタログや広告です。なんといっても文章が簡潔明瞭。著者は斯界の泰斗である五十嵐平達とくれば納得ですね。

帯の惹句にこうあります。「自動車通のためのしゃれた絵本」。この「絵本」という言葉にキュンとしませんか。

扱われているのは1910〜60年代なので、現代のクルマについての知識の有無はあまり関係ありません。まさに書名の「絵で見るくるま文化史」なので、気軽に読めます。つまみ食いでも構いません。目次で気になるところがあればその頁をめくればいいのです。

巻末で著者は読者にこう語りかけます。「どこの国でも歴史は自分たちを先ず中心に考えるのが常道だが、日本の自動車社会では、自分たちのルーツについてあまりにも情報が不足していて、現代のみで全てを判断しようとする傾向が強い。日本人の自動車文化史は決して国産車のみの歴史ではない。日本人は自分たちの生活と車との関係について、もっともっと多くを知り、その根源を知らなければならないだろう。」

図書館員の仕事に通じるものを感じませんか。私にとって、図書館を通じてもっと市民に届いてほしい本なのです。

レコード・ＣＤジャケットにはクルマがお似合い
『カージャケ』三栄書房、２０１６年.

ある日、図書館に「このレコードジャケットに映っている赤いカッコいいクルマってなんというのですか?」なんてレファレンスがきたらどうします? 本書はもしかしたらそんなレファレンスがあるかもしれない、と心配なされている（そんな人はいないでしょうか?）司書にうってつけの一冊です。レコードジャケットを編んだ本はいろんなコンセプトでこれまでも出版されていますが、クルマは国内ではこの本が初めてではないでしょうか（確証はありません）。

国内外のレコード・ジャケットを飾った約５００台のクルマがオールカラー

『カージャケ』三栄書房、2016 年

で編まれた貴重な本です。解説には車名と年式も表示され、図書館員にはレファレンス本として、クルマ好きには類書のないお宝本としていかがでしょうか。アーティスト名から引けるインデックスは便利です。欲を言えば、車名から引けるインデックスが欲しかったところです。

のちに1000万枚を超えるアルバムセールスを誇るメジャーバンドとなったデフ・レパードのファーストアルバム「オン・スルー・ザ・ナイト」の印象的な巨大なギターを運ぶ大型トレーラー。このトレーラーがケンワースW900というのを本書で知りました。このようにとてもコアな情報が満載です。

私が持っているアルバムでは黄色いクラシックカーが印象的な1976年に出た「ザ・ベスト・オブ・ジョージ・ハリスン」。ラジエターグリルの前にジョージが座っているので車名がわかりませんでしたが、本書によるとフォードモデルAかモデルBのホットロッドとの解説。シングル版ではスリー・ドッグ・ナイトの「オールド・ファッション・ラヴ・ソング」のペーパージャケでメンバーが座る赤い車は「不明」とのこと。これだけでも長年の謎が解けました。

大人のトミカはダメですか？

『トミカリミテッドヴィンテージ大全２０１９』、ネコ・パブリッシング、２０１９年.

図書館のカウンターに来られた大人が「すみません、トミカの本を探しているのですが……」と口にした時、直ぐに「はい、児童コーナーにございます」と返答してはなりませんよ。

トミカはトミカでも、トミカリミテッドヴィンテージ（略してＴＬＶ）はほぼ完ぺきに大人のためのトミカですから。

子どもが大好きなトミカ（もちろん大人のコレクターズアイテムでもあります）が誕生したのが１９６９年。以来、いつの時代も男の子に愛され続けるアクション付（ドアの開閉など）の低価格のミニカーがトミカ。このトミカがもしも昭和30年代に生まれていたとしたらをコンセプトに生まれたのがＴＬＶ。１９６９年以前の車種をモチーフに、しかも再販はしないというスタイル

『トミカリミテッドヴィンテージ大全２０１９』、ネコ・パブリッシング、2019年.

で、２００４年からトミカよりさらに精巧につくられた大人向きのミニカーです。当初のコンセプトは発売開始以来変更され続け、様々なシリーズが誕生することで不文律が見直され、豊富なバリエーションで大人を楽しませる「別な世界のトミカ」が創られてきました。スケールは基本的に１／64（なかには１／48もあり）で、価格はトミカの5倍以上、高価なものだと1万円を超えるものもあります。とても子どものお小遣いで買える代物ではありません。

こういうことを知らない図書館員が多いことは図書館の蔵書を調べれば一目瞭然。児童コーナーに「トミカ」はあっても、一般書に「ＴＬＶ」はありません。本書が所蔵されていない県もたくさんあります。

本書はＴＬＶ誕生の２００４年から２０１４年までの全モデルをカラーで紹介するとともに、それ以降、直近までのモデルを詳細に紹介したコンプリートガイドです。となると資料的価値があるわけです。そう、レファレンスにも使える優れものなのです。

トミカ？子どもはいいけれど、大人はダメなんて言う司書はいませんよね？

ちなみに、類書に『トミカリミテッドヴィンテージの15年』（飛鳥出版、

２０１９年）があります。こちらにしか収録されてないデータもあるので、一緒に揃えておきたい価値ある資料です。

切手に描かれたクルマたち
『世界自動車切手図鑑』、日本郵趣協会自動車切手部会／編、２００７年．

この本の存在は発行されて十余年経った頃、インターネットで偶然知りました。ネット書店でもリアル書店でも入手できず、現物を確認しようにも近くの公共図書館で所蔵しているところはありませんでした。相互貸借で取り寄せてもらうのも面倒だな、と諦めていたところ、最後に電話したジュンク堂池袋本店で係員の方がいろいろ調べてくれました。そこで、編者の一人から一部なら提供できるとの情報を入手してくれて、やっと入手した貴重な一冊です。

内容は書名がズバリ語っているように、クルマが描かれた世界各国の切手を編んだものです。１９９７年に発足した日本郵趣協会自動車切手部会が十周年を迎えるにあたり、記念に刊行されたものです。

『世界自動車切手図鑑』、日本郵趣協会自動車切手部会/編、2007年.

掲載された切手の縮率は52％。モノクロであるのが残念ですが、自主製作と思われるのでカラー印刷は難しかったのかもしれません。

国名のインデックスはありますが、メーカー別や車種別のインデックスはありません。３００頁弱の中身は、余計な文章は一切なく、ただひたすら切手の写真に、本当に丹念に調べられた車種に加え、その多くは年式まで記載されているまさに労作です。

外国から送られてきた封書を図書館に持参し「すみません、この切手に描かれたクルマを調べたいのですが……」と利用者さんに尋ねられたとき、こんな本がありますよ、とこの本を見せたら、「図書館って、すげぇ！」って感嘆の声があがりそうな一冊です。

懐かしきバスのある風景

『昭和50年代全国バス紀行　オールカラー　スマホやネットの情報がない昭和50年代に貴重なカラー写真で記録されたバスたち』、ネコ・パブリッシング、2017年.

『昭和５０年代全国バス紀行　オールカラー スマホやネットの情報がない昭和50年代に貴重なカラー写真で記録されたバスたち』、ネコ・パブリッシング、2017年.

私が自宅から一〇数キロ離れた高校に通った交通手段は路線バスでした。先生に見つからないようバイクで通ったことも、クラスメートが運転する自家用車で通ったたこともありましたが、通学の思い出はバスに尽きます。

複数の学校の生徒が車内を埋める朝の独特の雰囲気。着座席の先輩後輩の暗黙のルール。憧れの彼女に告白したのは土曜日の閑散とした帰路のバスの車内でした。先輩がやっていたロックバンドでドラマーをやらないかと誘われたのも同じく車内。

ストライキでバスが運行しないとなれば高校は公休。ひたすら公休となることを祈っていた朝が何度あったことか。

本書は、懐かしい全国14社（四国交通、九州産業交通、東濃鉄道、備北バス、一畑電気鉄道など）のボンネットバスの写真が多数収められた第1章に始まり、第2章では全国30数社のボンネントが消えた長方形型の懐かしい車両と風景が楽しめます。バスと言えば、車両に描かれたり飾られたりした広告が、その時代、その土地を語りかけてきます。宇野自動車（宇野バス）の車両が走る岡山県の田舎道、国鉄高松駅を走る高松琴平電気鉄道や高松バスの車両と駅前の様

ボンネットバス３台
（トミーテック）

子など、路線バスならではのローカル感があって貴重な地域資料と言えます。

そして本書の白眉は、10頁にわたる第4章の「沖縄730（ナナサンマル）の時代」。「730」とは昭和53（1978）年7月30日、沖縄の自動車の右側通行を一夜にして左側通行に切り替えた一大事業。その様子が克明に記録された写真が収められています。沖縄県の歴史にとどまらない日本の歴史として後世に伝えるべき内容ではないでしょうか。

掲載されたバス会社は全国を網羅したものではありませんが、貴重な歴史資料としてクルマ好き、バスマニアに限らず、図書館でも多くの方の目に触れてほしいものです。

全国の乗合自動車の嚆矢を探る労作

『日本自動車史 都道府県別 乗合自動車の誕生 写真・史料集』、佐々木烈、三樹書房、2013年.

乗合自動車を現在のバスに例える言説も見受けられますが、正しくは現在のバスの起源の乗り物として理解した方が良いと思います。著者の佐々木烈は面識はありませんが、敬慕する自動車歴史考証家の一人です。『明治の輸入車』(日刊自動車新聞社、１９９４年)、『佐渡の自動車』(郷土出版社、１９９９年)など、自動車ジャーナリストがなかなか探ろうとしない自動車史を丹念に調べ上げまとめる筆力は斯界でも特筆すべき方です。しかも、執筆活動は会社員を定年退職後に始められたもので、本書は47都道府県における乗合自動車の黎明期を地元紙から掘り起こし、当時の新聞記事をそのまま掲載し、当時の車両も紹介しています。それらを元に著者が平易な表現で考察。関係した人物にも焦点をあてるなど、約３００点の写真や史料も相まって、この種の史料集にありがちな読みにくさは一切ありません。

「まとめ」に著者のこんな一文があります。

「各県の古い新聞や県史、市史、町史、県公報、警察史、業界誌、官報及び現地法務局の商業登記簿、統計書、写真集、当時の観光案内書、各県の自動車取締規則、地図、人物名鑑など、少ない県で２００枚、多い県は４００枚以上の資料を集めた。さらに当時の会社登記簿に記載されている取締役、監査役の

『日本自動車史 都道府県別乗合自動車の誕生 写真・史料集』、佐々木烈、三樹書房、2013年.

住所氏名を頼りに、現地調査に歩き回った。」

この本をまとめる仕事がいかに大変であったか、本を上梓したことのある方ならばおわかりいただけると思います。しかも、単著としての書き下ろしではなく、日刊自動車新聞に月1回連載したものであることを思うと、締切との壮絶な戦いがあったものと思います。

本書は同出版社から上梓された大部の『日本自動車史』『日本自動車史Ⅱ』と並ぶ労作。併せて読んでいただくことをお勧めします。

ちなみに、明治36（１９０３）年9月20日、京都の二井商会によって日本の乗合自動車の歴史が始まったとのことです。

図書館に置いて欲しい一冊です。

古書店「くるまや」探訪記

琵琶湖に次ぐ国内第2位の面積を誇る湖沼の霞ケ浦。一番大きな西浦に北浦、外浪逆浦、北利根川などを合わせた水域の総体の呼称を霞ケ浦と呼び、約250キロに及ぶ水際線の延長はあの琵琶湖をも凌駕するのだそうです。まさに水郷と呼ぶに相応しい風景が一帯に広がっている鹿嶋市。今日これから訪ねる「くるまや」は北浦湖岸に建立された日本一の高さを誇る水上鳥居から至近なところにある小さな本屋さんです。

このレポートは茨城県鹿嶋市の郊外に3カ月前にオープンしたばかりの「くるまや」という、ちょっと風変わりな店主と本屋のレポートです。

店主は市役所職員として図書館の館長を5年ほど務められ、図書館やクルマなどに関する著書も数点出されている人です。店主が現職中のとき、私は一度だけ日本図書館協会の2階の研修室で講演というか講義を受講し名刺交換させていただいたことがあります。そうした縁(私が勝手に思っているだけですが)から「くるまや」はずっと気になっていました。ところが、オープンしたとはいっても店を開けるのは週に2日程度。仕事の関係でなかなか訪ねることができず、やっと今日、自宅の佐倉から愛車フィットで「くるまや」を訪ねることができました。

「くるまや」があるのは店主であるU氏の自宅の敷地で、クルマが10台は余裕で停められる駐車場が住宅地にあって周囲に際立っていました。

西側の端に停まっていたのは赤いボルボ２４０ＧＬワゴンとルノー・カングー。カングーは車幅が広がった2代目で、外装色は滅多に見かけることのないソリッドのご派手な紫色。確か限定色として販売された希少車のはず。そしてクルマ1台分を開けて黒のデミオが停まっていました。相模ナンバーなのでお客様なのかもしれません。

オーナーであるU氏が以前、フェイスブックでマイカーを紹介していたことがあり、この赤いボルボは記憶にありました。カングーはご家族のものでしょうか、このツーショットはいかにも「くるまや」っぽくてカッコいいと思いました。

古書店であり、新刊も若干ですが販売する本屋さんであり、さらに図書館でもあるという不思議なコンセプトのその店は、期待していたようなお洒落な建物では全くありませんでした。10数坪の古い木造2階建てで、入り口だけ少し手が加えられ、直径50㎝ほどの表面を焦がした丸い木製の板に「くるまや」とだけ寄席文字が白く盛り上がって書かれていました。これが唯一の手掛かりなのですが、そもそも道路からはその建物は見えず、ボルボ240とルノー・カングーが看板代わり。帰り際に気が付いたのですが、ボルボの左右のリアフェンダー上部に広告としては控えめ過ぎるサイズの「BOOKS くるまや」のステッカーが貼ってありました。ということはやはりボルボは立派な看板のようです。

私と店主はフェイスブックで友だちとなり5年ほどになります。私が友だち申請をしたら快く承認いただきました。そんな私ですが、店主に会うのは日本図書館協会の研修以来6年ぶり。一日に3～4件、タイムラインに毎日投稿される店主の話題はクルマと図書館に関するものが中心で、私は自分から友だち申請したからには、「いいね」だけは積極的にレスポンスするものの、コメントは一切書き込まない傍観者。でも、店主の投稿を見るのは実は毎日の楽しみだったのです。ところが1年前の大晦日に突然、フェイスブックへの投稿を止めることと、図書館絡みの仕事から一切身を引くとの衝撃の宣言をしたのです。

　ＳＮＳなんてものは薄情なもので、友だちだなんていいながら、タイムラインへの投稿が無くなれば、直ぐに話題から消えていくもので、引退宣言した投稿に寄せられた「ずっと友だちでいます」的な熱いメッセージも、数日でコメントする人はいなくなり、１週間もしないうちに店主のことは話題にもならなくなってしまいました。

　そんな店主が引退宣言から３カ月後の４月１日の深夜０時ジャスト、「本屋のような図書館のような『くるまや』という本屋を始めます」とだけタイムラインに投稿したのです。エイプリルフールの冗談ともとれなくもありませんでしたが、大晦日の引退宣言へのコメント数ほどではないにせよ、私も含め熱いコメントを寄せた「元トモ」はそれなりにいて、「必ず行きます」との約束を果たしに鹿嶋まで来たという次第です。

　店内は土足厳禁。もともと物置兼住居として使っていた建物らしく、小さな三和土があります。室内は幅90センチほどの本棚が三方の壁を作り、部屋の中央に畳でできた座席がしつらえてあります。いわゆる狭隘な古書店のイメージに近いのですが、書架間は若干余裕があり、明かり採りの小さな窓もあるので、思っていたより明るく、面出しの本が多いのも古書店というよりは新刊のセレクトショップのような感じです。

座って本が読める場所があるのが便利なのですが、肝心の店主の姿がどこにもありません。要は会計のレジもないという店なのです。選んだ本の会計は小さな庭をはさんで直ぐ近くにある母屋の書斎に行って済ませるというもので、自ずと書斎にいる店主と二言三言、いや先客がいなければ書斎に上がり込んで図書館やクルマ談義するのが、どうやら「くるまや」の流儀のようなのです。私が本を持って書斎を訪ねると、ちょうど、デミオのお客様とおぼしき方が店主に「また遊びに来ます」と別れの挨拶をしていたところで、運よく私は店主を1時間ほど独り占めできたのです。これはラッキーでした。

書斎は掃き出し窓が庭に面していて、中の様子が外からうかがえます。実はこの書斎がカフェの役割もしていて、オーナー用の椅子のほか客用の椅子が置いてあり、1杯100円でコーヒーが飲めます。というか、オーナーと喋りたい人しか来ないので、飲まずに帰れないといった方が正しいかもしれません。

研修で名刺交換した当時と比べ、店主の白髪が目立ちましたが、図書館愛は当時と変わらず、こうして訪ねてきてくれる旧知の友だちとの会話を楽しみたくて「くるまや」をやっているのではないかとも思いました。

さて、そろそろ「くるまや」の本棚を紹介しましょう。図書館が使う日本十進分類法に則れば、５類の「技術・工学」はもとより、２類の「歴史」、３類の「社会科学」、６類の「産業」、７類の「芸御」、そして９類の「文学」にいたるまで、オーナーが「自動車文化」として捉えた本や雑誌が並び、本以外ではクルマのカタログ、ミニカーやノベルティグッズなどがそれほど数は多くありませんが、本に絡むように置いてあります。よく見れば、本に出てくるクルマが「このクルマ」ですといった感じで並んでいるようでした。特に目立ったのが洋書で、都内の大型書店でも見かけないようなクルマの本がたくさんありました。

壁にはオーナーが大好きな今村幸治郎とビートルズのポスターが隙間なく貼ってあり、「本屋」というよりも「個人の部屋」のような趣きでした。

クルマの本を専門に扱う新刊書店だと、メーカー別、車種別の写真を主体にした大型本が棚の多くを占めるのですが、ここは違います。クルマが描かれた絵本、クルマが出てくる小説やエッセイがＰＯＰで紹介され、写真を中心とした大型本もクルマのマスコット、グリル、ミニカー、ティントーイ、ペダルカーといった「乗る」クルマではなく、大人が「愛でる」クルマの本や、クルマのイラストや広告、そしてクルマの漫画などが置いてある不思議な空間です。

日本一の自動車資料を誇る愛知県豊田市中央図書館の自動車コーナーでも、自動車専門の新刊書店でも文学や絵本までは「自動車資料」としては扱っていませんので、規模は小さいながらも日本初の「クルマ」の本屋かもしれません。わかりやすく言えば、クルマに特化したヴィレッジヴァンガードといった感じです。

さらに、「書籍」は新刊、古書ともに販売し、「雑誌」は販売しないという不思議なルール。要するに雑誌は販売しないので、この点が「図書館」ということなのかもしれません。このへんの店主の意図というかこだわりは後述します。

店内に掲示してあった「メニュー（店舗案内）」を紹介します。

【開店（館）日時】

10時〜17時（週に二日程度）

＊ＨＰはただいま準備中

【取扱商品（資料）】
書籍（販売します）
　新刊書、古書、
雑誌（閲覧のみ）
　「Tipo」、「Nostalgic Hero」、「NAVI CARS（ナビカーズ）」、「Old-timer」

その他
　ミニカー、雑貨、カタログ
＊「くるまや」ですが、扱うのは一般車で、レーシングカーや工事作業車は扱っておりません。
＊会計は別棟でお願いします。

たったこれだけ。いたってシンプル。

これだけではオーナーの「きっとあるはずのこだわり」が見えてきません。「見せる必要はない」と一蹴されるかもしれませんが、書斎にいたオーナーに尋ねてみました。（ここからは、私が「I」、オーナーが「U」と表記します）

I　まず、どうしてクルマを主に扱う本屋さんを始められたのですか。

U　僕ね、ずっと羨ましいと思っていたのが鉄ちゃんと呼ばれる鉄道オタクというか鉄道ファンの世界でね。「クルマ小説」ってジャンルは確立されていないけれど、「鉄道小説」は、例えば相鉄グループが１００周年を記念して公募した「鉄道小説大賞」のように、鉄道の魅力ってクルマに比べはるかに認知されているところがあると思いませんか。

鉄道ファンというか、鉄道趣味って言ったらいいのか、車両研究、鉄道写真、鉄道模型、時刻表研究、駅舎研究など、しっかり確立しているし、それが周囲から認知されてもいるでしょ。２０１８年に池内紀と松本典久が編まれた『読鉄全書』（東京書籍）なんてさ、帯の惹句がさ、「「読む」鉄道ゆき。」だもの、たまらないよ。ならばさ、クルマだってなんとかできないかなぁって思うじゃない。

Ｉさんはご存知だと思うけれど、神田の古書店街にある「書泉グランデ」ね、あそこの６階はワンフロアが全て「鉄道」で占められていますよね。まさにその道の求道者（笑）には聖地でしょうね。鉄道グッズのガチャポンだってあるしさ。

一方、クルマに目を転じるとね、フェラーリやロールスロイスなどの高級車を新車で易々と購入できる人や、トヨタ２０００ＧＴや日産スカイラインのハコスカやケンメリのＧＴ－Ｒなどの法外な値のつく古いクルマに大枚をはたくことができる人がいる一方で、１００万円のクルマすら買えない、それでもクルマに関する知識はそういったクルマのオーナー以上という人はたくさんいるのですよ。

先の鉄ちゃんは、それぞれ志向が違えども互いにリスペクトし合い「幸せな関係」にあるような気がするのね。でも、クルマってそんな関係にあると思います？　高級車やスポーツカーは高速道路の追い越し車線を我が物顔で疾走し、ときにスピードの遅いクルマを威嚇すらしますからね。

また、フェラーリのディーラーにフィットのようなクルマで行ってごらん。どういう扱いを受けると思います？

I　私は外車のディーラーって一度も入ったことがないからわかりませんが、よく考えたら、ショールームにあるクルマを見て「あっ、恰好いいな」って思っても「入れない」雰囲気がそこかしこに充満していますね。こちらはお客なのにカタログをくださいなんて言ったら、どんな表情されるか考えちゃいますよね。

U　クルマってさ、電車と違って、価格差は相当あるけれど誰だって実物を所有できる乗り物じゃないですか。でも、電車は店舗などの目的で中古車両を購入できなくはないけれど、走らせることはできない。「電車好き集まれ！」って言えば、そこに集うのは何らかの鉄道車両の所有者ではないマニア。一方、「クルマ好き集まれ！」って言ったら、集まるのはクルマのオーナーだもの。しかも、高級車、ヴィンテージカー、スポーツカーといった街であまり見かけないクルマばかり。プリウスやアクアなどポピュラーなクルマのオーナーは来ませんよ。

僕はね、乗っているクルマとは関係なく、実車以外の「クルマ」に関心のある人が集えて憩える場所がつくりたかったの。そして、元図書館員という経験を活かして、図書館ではＮＤＣ（日本十進分類法）で離れて置かれている「兄弟・姉妹・親戚」を一箇所に集めて、クルマと文学、クルマと絵本という接点を提示したかったの。図書館だとできない異星人の遭遇っていうのかな、キャスティングの妙というものを演出したかったんですよ。

I　「異星人の遭遇」ですかぁ、すごく恰好いい表現ですね。

U　Ｉさんも経験があると思うけれど、図書館に時おり現れますよね、クルマでも電車でも飛行機でも、とにかく大人が敵わない知識をもった子どもが。児童書じゃ物足りなくって、一般書を案内せざるをえないような恐るべき未就学児がさ（笑）。

I　はい、確かに（笑）。大好きです、そういう子ども。お母さんが「すみませんね、いろいろしつこく尋ねまして」なんて恐縮している脇で、「どうして聞いちゃいけないの？」なんて母親の顔を見上げている子どもですよね。

U　そうそう、来るんだよねぇ、そういう子どもが図書館に。そういうマニアックなクルマ好きの子どもが親子で来られる「ほんや」をつくりたかったのも一つかな。さすがにクルマ好きといっても子どもだからね。大型書店のクルマの本のコーナーのような佇まいでは子どもは寄りつかないし、ワクワクしない。だから絵本の表紙見せにこだわった。しかも、そういう子どもは幼児向けの実車が想起できないデフォルメされた単なる丸いクルマや四角のクルマでは満足しないのよ。「ルノー・キャトルだ」「フェアレディZ240だ」なんて、夢中になって見入るクルマの本じゃないとダメ。だから、ここに置いてあるのは、絵本でもそういったデフォルメされた乳幼児向きのものは一切置いていない。書架をご覧になっておわかりになるように、クルマ好きの大人だって夢中になるような作品っていうのかな、そもそも出版社の狙いとする幼児・児童を対象年齢としているのだけれど、クルマ好きの大人にも十分に受け入れられる「大人の絵本」のみ置いているんです。

I　そういえば、公共図書館ではあまり見かけない絵本が多い気がしますが……。

U　よーく表紙を見ればわかりますが、私の扱う絵本の半分近くは洋書です。

でも、頁をめくってもらうとわかります。簡単な英語やその他の言語で書かれたもので、文字が読めないから楽しくないといった本は置いていません。

I　なるほど……。

U　それから、外国の絵本って、描かれたクルマがなんというクルマなのかインデックスで記されているものが多いから、われわれ大人も勉強になる。

I　そういえば、お店に貼ってあった絵本の「読み聞かせ会」のチラシを見たら、外国の作品が多いですね。

U　まだ3回しか実績がないんだけれど、参加者はいつも5人くらいかな。子どもはいない。というか、就学している子どもが来られない時間にやっているからね。「このクルマのディテールの描き方がすごいね」とか「この英語の表現、素敵でしょ」なんて、いい大人が絵本を肴に夢中になってクルマのことやクルマとの思い出を喋っている（笑）。これは図書館でやりたくてもできなかったことの一つかな。

I　「図書館でできなかったこと」ですかぁ。なんか深いですねぇ。そうそう、文学とクルマの接点を提示するなんてことも、図書館ではやられていませんよね。

U　そうだね、あの愛知県の豊田市中央図書館ですら、小説やエッセイに出てくるクルマまでは追いかけてはいないからね。しかも、僕がこだわったのは、クルマが主役のような「走り」を描いた作品ではなく、クルマの「佇まい」を描いた作品にフォーカスしているんですよ。だから、書名や収録された作品名に「クルマ」とか「車名」の文字のないものが大半。図書館の蔵書検索で拾えない作品を見つけては棚に置いているんです。その本の近くに置いてあるミニカーが実は作品に出てくるものなんです。おそらく、Iさんも気がついたのではないかと思いますが。

さらにこだわっているのは、山口百恵の歌で「プレイバックPart2」っていうのがあるじゃない。歌いだして直ぐに「真紅(まっか)なポルシェ」が出てくる、あの歌ね。作詞は阿木燿子さん。リリースは1978年5月。このポルシェは914か924ではないかって説があるようですが、世間が最もポルシェとして認識していると思うのは911だと私は思うわけ。あの歌がリリースされたころに比べるとね、いまじゃ、クロスオーバーSUVのカイエンやマカンもあれば、5ドアサルーンのパナメーラもある。現代の人が歌を聴いたら、ポルシェだけじゃ具体的な造形が想像できない。小説と違い、歌詞の場合は小林旭のヒット曲「自動車ショー歌」じゃないけれど、ニッサンとかルノーというメーカー名の歌詞もあれば、デボネア（三菱）やブルーバード（ニッサン）など車名が出てくるものある。ここに何年式のブルーバードとか310なんて歌詞がリズムに乗るはずもないから仕方がないとして、小説の世界で単に「フォルクスワーゲン」や「ボルボ」はないだろうって思うわけ、私は。それではまったく情景が描けない。

ちなみに、最初の「自動車ショー歌」では「シトロエン」が出てくるんだけれど、最初の歌詞に「ここらで一発シトロエン」ってフレーズが要注意歌謡曲指定制度基準に抵触してしまい放送禁止となった。そこで「ここらで止めてもいいコロナ」に歌詞を変えて録音し直したってこと知ってた？

Ｉ　ものすごく面白い話ですね。そうかぁ、言われてみればポルシェって言われてもどんな車種をイメージするかによって歌詞の情景も変わりますよね。ツーシーターのオープンカーとＳＵＶでは全く違うクルマですものね。でも、小説なんてこれまで車名や年式なんて気にして読んだことなんてなかったです。言われてみてはっとしました。

U　でしょ？　でもね、これが映像ならどうする。わかりにくいクルマもあることにはあるけれど、ミニやフォルクスワーゲン・ビートルやシトロエン２ＣＶのようなわかりやすいクルマは記憶に残るじゃない。でも、１９７３年に日本で公開されてヒットした「激突！」って映画観たことある？

I　あります。確か、スティーヴン・スピルバーグ監督の作品でしたよね。大型のタンクローリーを追い越した事がきっかけで、トレーラーに執拗に追いかけられるというか命を狙われるサラリーマン風の男の悲劇というかホラー映画ですよね。

U　よく覚えているね。筋書きはそのとおり。じゃ、追いかけられるサラリーマン風の男が運転していたクルマって覚えている？

I　えっ、確かセダンだったような……、色は赤っていうよりオレンジって感じだったかなぁ。

U　よく色まで覚えていますね。セダンは正解。色は仰るとおり赤というよりオレンジかな。映画としては90分という短い作品だけれど、このセダンは出ずっぱりだったから、色や形は覚えているのだろうけれど、車名はわからない。

I　はい、おそらくアメ車だったとは思いますが、どこのメーカーのなんというクルマなのか全くわかりません。

U　答えはプリムス・バリアント。日本にどの程度輸入されたのかはわからないけれど、クライスラーで16年間つくられたクルマ。映画そのものがアメリカで公開されたのが日本より2年早い１９７１年だから、年式は１９７１年以前となるわけで、間違いないのは１９６７年から73年にかけて作られたモデルってことかな。フロントグリルの形状から１９７０年式じゃないかな、と思うけれど。

I　うわぁ、すごい知識ですねぇ。

U　いやいや、日本ではそんな本を見たことがないけれど、アメリカだと映画に使用されたクルマが書いてある本が出版されているから、車名はそこからの受け売り。「くるまや」にも置いてあるけれどね。今はインターネットで直ぐに答えが見つからなくもないけれど、所詮ネットの情報がどこまで信じられるかだよね、しかも図書館員がレファレンスを受けてインターネットで出典も明示していないような情報を答えにはできないでしょ。だからかな、僕の店にはクルマを知らない図書館員がけっこう来店するんですよ（笑）。初めは「洋書かぁ……」なんて逡巡していてね、それでも日本語で書かれた類書はないと知ると、役所の出納室に電話して、僕の店で買うにはどうすればいいかなんて確認する人がいますね。英語の絵本も同じ。選書方針なのかわからないけれど、図書館の蔵書にはできないけれど、素敵な絵本なので自分用と友人用に2冊くださいなんて図書館員、特に女性が多いかな。

I　その気持ち、よくわかります。ところで、どうして雑誌は販売せずに閲覧だけなのですか。しかも、4誌って少ないですよね。場所をとるってことですか。

U　私は図書館員時代から気になっていたことがあってね、それは公共図書館が蔵書として収集する雑誌のタイトルがどこも似たり寄ったりってこと。そして、保存年限が異常に短いってことかな。確かに図書館の閉架書庫が満杯で保存したくてもできないといった事情はわからなくはないけれど、保存以前に、図書館で収集されているタイトルが似通っているために、いったい図書館って何をするところなのかと問い直したくなることがたびたびあってね。

I　どういうことですか？

U　あなたは本や論文を書いたことがありますか。

I　いえ、恥ずかしながら、大学の卒論が最後です。

U　私は拙いものしか書いていないけれど、一冊の本を書くには、私の場合、少なくとも100冊の本と、必要な雑誌の複写文献を近くに置くのね。だいたい一冊の本の執筆に3カ月はかかるので、その間、100冊の本とコピーした資料に囲まれて本を書くんだけれど、求める本や雑誌のバックナンバーがクルマで1時間半の県内の図書館のどこにも所蔵がないなんてことは日常茶飯事。都立図書館までわざわざ行くこともあれば、他県の図書館から相互貸借で借りるといったことの繰り返しよ。勝手な言い方をすれば、図書館って利用の多い本を貸し出すだけのサービス機関ですか、って斯界に問いたくらい。

本や雑誌を元に調査したりモノを書いたりする人は、図書館の利用者として少数かもしれないけれど、切実な問題として本を求めているわけよ。本にしてていない。

も雑誌にしても、近隣の図書館との蔵書のすみ分けなんて図書館員は全く考え

それから、Iさんも図書館員だからおわかりになると思うけれど、マイナーなテーマの本って、一度出たら、それをさらに進化させた本が出るかというと出るとは限らない。そもそも売れるテーマじゃないからマイナーな分野にとどまっているわけで、一度出たら10年も類書が出ないなんてものはちっとも珍しくない。実は図書館ってね、既刊本も買うには買うけれど、児童書ならロングセラー本の買い替えだったり、一般書なら叢書(そうしょ)っていうか、シリーズ本っていうか見計らいで購入したりするものが多い。日ごろ本屋に通っていながら、発行されて数年を経過した珍しいテーマの本を書店の棚で見つけたところで、それを図書館で購入しようと動く司書ってどれくらいいるだろうか。

特に地方の規模の小さな書店となると、取次に返品できなくなるので、そもそも発行されて1年以上経つ本そのものが棚にはないという現実もあるけれどね。

要は「ある」ものはどこにでも「ある」。しかし、「ない」ものはどこを探し

ても「ない」ってことが、図書館で調べようとすると痛感するのよ。

私は図書館の現職時代、選書には徹底的にこだわったし、スタッフにも時間をかけて語ってきたつもり。図書館は集客してなんぼの施設じゃないし、貸出冊数が多いから優れた図書館だとも思わない。量で評価するのではなく質で評価するところだと思うよ。しかも、図書館評価は図書館がするものではなく市民がするもの。貸出冊数が伸びた方がいいなんて思っている市民なんて実際にいると思う？

あっ、ごめん、なんだか説教じみてしまったね。図書館を離れるとね、本当に図書館が見えてくるっていうのかな、日本を離れると日本が良くも悪くも不思議なくらい見えてくるようにね。

クルマの雑誌もそうなんだ。読者の多いすばらしい編集の雑誌なので、図書館がそれらを所蔵することに意義を唱えるつもりはない。でも、どこの図書館も『月刊自家用車』、『CAR and DRIVER』、『CAR GRAPHIC』、『MOTOR MAGAZINE』『DRIVER』といった雑誌ばかり揃えている。もちろん、この５誌すべてを所蔵している図書館は少ないけれどね。でもね、図書館って何かと言えば「ネットワーク」なんて言うじゃない。ならばさ、例えばクルマ雑誌であっても多種多様な雑誌を広域圏的な発想で調整して所蔵できないものかと思うわけ。だから、いま、店内に掲示したメニューにも書いてあるように、図書館ではほとんど所蔵されていない『Tipo』、『Nostalgic Hero』、『NAVI CARS』、『Old-timer』を置いているわけよ。この4誌はあの豊田市中央図書館でも、トヨタ博物館図書室でも、大宅壮一文庫でも所蔵していないものなので。とはいえ、そんなにレアな編集内容かといえばそんなことはない。図書館員時代にできなかった僕なりの斯界での場外乱闘ってことかな（笑）。

I　なるほど、場外乱闘（笑）ですかぁ。

U　まぁそれは冗談として……（笑）。クルマの雑誌って、ものすごく細分化されていてね。「新車系」「旧車系」「レース」「メカニック」「外車系」「トラック」「バス」「ドリフト」などきりがない。そしてメルセデス・ベンツやミニなどの人気ブランド車となると、専門の雑誌まである。そして、図書館で人気の『月刊自家用車』のような「総合誌」。すべてを図書館が所蔵することはできないし、その必要もない。だから、この4誌を貸出しはせず、図書館がやらない仕事を、この「くるまや」が代行することで、図書館の仕事っていうものを皮肉かもしれないけれど世間にアピールするのが目的なの。いまのところ、借りる人もいないし、この先もいないと思う。でも、いつか「こういう場所があったのですね。本当に助かりました」という人が一人でもいたら、それでいいかな、なんてね。

I　なるほど納得です。もう少し質問させていただいても大丈夫ですか。なんだか次から次へと聞きたいことが出てきてしまって。雑誌はわかりました。では本についてですが、見渡すと全て複本ですよね。1冊しかないものは恐らく売れてしまっているとか。

U　僕は図書館の複本購入には否定的でね。本屋さんが平積みしているベストセラー本を図書館が大量に所蔵するのは望ましくないと現職時代一貫して主張し実践もしてきた。でもね、地域資料や絵本や児童書は逆で、せっかく図書館に来たのに「貸出中」って残念な思いを利用者さんにさせたくなかった。だって、本屋さんでお買い求めくださいって言っても、肝心の本屋に置いてない場合が多い。ここがベストセラー本と違うところ。

本ってね、いま出会えないと、二度と出会えなかもしれない商品なのよ。多品種少量生産の最たるものだから。しかも、クルマの本って、ほとんどが初刷で消えていっているのが昨今の現実。ベストセラー本のように普段本を手にしない人が読むジャンルじゃないから。となるとね、うちに来られて本を購入されたら、そのあとすぐに来店されたお客さんは、その存在すら知らないままになってしまう。近くの書店には置いていないものが大半だからね。そういうことが起きないよう一般書は最低でも2冊は常備し、絵本は5冊と決めている。さっきも言ったけれど、絵本ってプレゼントに選ぶ人が多いから、2冊でも厳しいんですよ。

I　本は売るって決めたのはどうしてですか。

U　クルマの本はね、図書館で借りて気が済むものじゃないのよね、特にマニアはね(笑)。手元に置いておきたいのが心理だと私は思っている。だから販売しようと。

それから、気づかれたかもしれないけれど、例えば、アルファロメオだとかルノーだとかいった単一メーカーのクルマを扱ったものや、具体的にルノー・

スポールＲＳといった車種別の本は基本的には置いていない。これは私がこの店で紹介する責任はないと思っている。そのメーカーや車種のオーナー自らが探して買えばいい本だと思っているし、オーナーはそれができる。そこまでうちでやっていたら大変だし、基本的に商売にならないもの（笑）。ロールスロイスの豪華な写真集を買うお客さんはうちには来ない（笑）。あくまで、必要としている人に、これがお探しの本ではないですか、といった橋渡しができれば、もしくは、こんな本があることをご存知でしたか、といったおせっかいのような本屋でありたいの。

Ｉ　本や雑誌以外だと、ポストカードやカタログがたくさん置いてありますね。

Ｕ　ポストカードとカタログを中心にショップを経営している人を以前から知っていて、少しでも商売の足しになればいいかなって感じで置いています。ポストカードは大好きなイラストレーターのものが中心なので写真のカードは全くありません。

Ｉ　イラストって言えば、クルマのイラストが一冊の本になっているものって少ない感じがしますが、いかがですか。

U　私はね、仮に大好きなクルマのポスターを貼るなら、写真よりもイラストの方がいいね。絵画だと作者の愛情がクルマのそこかしこに注がれるじゃない。例えば、なまめかしいフェンダーの妖艶な曲線なんかね（笑）。極めて写実的な描画でもどこか私は作者の偏愛の眼差しを感じるんだなぁ。

　クルマって人間と違い表情を変えることができないので、写真でも絵画でも表情を撮ったり描いたりするのは写真家や画家の方だからね。なかでも描画となるとスーパーリアルからデフォルメまで描き方はいろいろあるからね。

I　クルマの表情、ですかぁ。言われてみれば、なんかわかるような……。

U　僕はね、これだけたくさんのクルマの雑誌が出ているんだから、毎月とまでは言わない。季刊でいいのでクルマのイラスト専門誌が出ないかなぁって思っているの。Iさんも知っているでしょ。『CAR and DRIVER』の渡邊アキラさんのスーパーリアルな表紙画。氏のホームページでも楽しめるけれど、やっぱり豪華な装丁の大型本で最高の印刷技術で、永遠の名車をのんびりお気に入りの椅子に座って愛でたいよね。どうしてなのかわからないけれど、日本ではクルマのイラスト作品集があまり出版されないのよね。クルマは写真が一

『車とアート 穂積和夫の世界』
トヨタ自動車株式会社トヨタ
博物館/編集・出版 1977年.

『企画展・クルマとアート
AUTOMOTIVE ART CARS
by MIKIO OKAMOTO
~岡本三紀夫の世界』
トヨタ自動車株式会社トヨタ
博物館/編集・出版, 2000年.

番っていう人が多いのかなぁ。
I　そう言えば、お店に面出しで置いてあったトヨタ博物館で行われた企画展や特別展の図録がすごく素敵でした。
U　岡本三起夫さんや細川武志さんなどの図録ね、あれは私のお宝。うちでは非売だから（笑）。インターネットやCD-ROMで見るのと紙で見るのとでは全然違うものね。
　クルマを描くのを得意とする方って、穂積和夫さんのように、建物も描けば一世を風靡したVANジャケットのアイビースタイル画など、マルチな方も少なくない。というか基本的には何でも描ける。細川武志さんも『蒸気機関車メカニズム図鑑』や『クルマのメカ&仕組み図鑑』のような著作も出しているしね。
I　と言うことは、書店や図書館などでクルマ以外の作品を私たちは見かけているってことですね。
U　そのとおり。そういう事実を図書館員は利用者さんに上手に伝えてほしいものだよね。この絵と、この絵は同じ方が描いているのです、なんて驚かせたいし、いろんな関心を持ってもらいたい。

『絵で見る 明治の東京』
穂積和夫/絵と文
（草思社）,2010年.

『絵本　アイビー図鑑
The Illustrated Book of IVY』
穂積和夫著（万来舎）,2014年.

Iさんは図書館員だから知っていると思うけれど、『あかくん まちを はしる』っていう小さな絵本。

I もちろん知っていますよ。赤いミニが出てくる作品でしょ。確かルーフは白。

U さすがだねぇ。じゃ、あの本は２００９年に出たものだけれど、元々は月刊誌の『ちいさなかがくのとも』の２００２年12月号として発行された作品だってこと知ってた？

I えっ、それは知りませんでした。

U あのかわいい赤いミニ、僕も大好きなんだけれど、本になっているのは先の「まちをはしる」と『あかくん でんしゃと はしる』の2冊だけ。でも、雑誌『ちいさなかがくのとも』として発表された作品は、あかくんが、うみをわったり、こうそくをはしったり、やまをはしったりと、ほかにもあってね。そして、赤いミニだけじゃない。ほかにもフィアット５００（2代目）やフォルクスワーゲンタイプ2が主役の作品があるってことは知ってた？

I すみません、児童書担当じゃないのでそこまで知りませんでした。

『クルマのメカ＆仕組み図鑑』細川武志著（グランプリ出版），2003年.

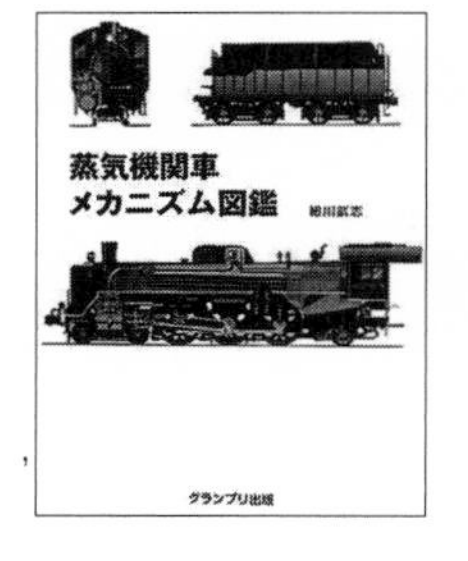

『蒸気機関車メカニズム図鑑』細川武志著（グランプリ出版），2011年.

U　私は思うのよ、あかくんの2冊の本を大切に抱きしめている子どもがさ、「あかくん、もっとよみたい」って言ったとき、それを耳にした図書館員がさっと『ちいさなかがくのとも』のバックナンバーをかき集めてさ、そのお子さんに手渡せたらどんなにすばらしいだろうかと。

ところがさ、『ちいさなかがくのとも』は雑誌でしょ、どこの図書館でも所蔵しているわけではないし、所蔵している図書館でも保存年限が永年の図書館がある一方で、2年とか3年で除籍なんて図書館も少なくないのね。

I　なんかとてもディープな世界の話になってきましたね（笑）。

U　いやいや、図書館員がこの事実を知っているならいいのよ。知らなかったとしたら、クルマ好きには看過できない（笑）。あの雑誌の判型は小さく、厚さだって数ミリの薄くてかさばるものじゃない。あかくんに限らず、毎号すばらしい作品ばかりだと思うんだけどなぁ。

I　雑誌の保存については、私もいろいろ問題があるとは思っていますよ、いまの図書館界は。

U　そうそう、雑誌ついでに言うとね、雑誌って特集が一つの「売り」じゃない。クルマ雑誌ではないファッション誌や生活情報誌などがクルマの特集を組んだり、増刊として出したりすることがあるよね、これが実に面白いんだな。クルマ雑誌にありがちなスピードやデザインを追求するのではなく、ライフスタイルとしてのクルマとの付き合い方、要は「乗るもの」ではなく「一緒に暮らす」パートナーとしての在り方を提案したりなんかしてね。

I　わかります、それ。私も書店でそんな特集を見つけた時は思わず手に取りますもの。図書館や本屋が特集されている雑誌を図書館員が手にする心理と同じですね。

U　ところが、やはりそこは雑誌。図書館だと一定の保存年限が来たら除籍されてしまう。なかには本より内容の濃い特集もあるので、雑誌から本扱いにして所蔵している図書館もないわけではないけれど、地域資料に該当するような特集が掲載された号でも除籍しちゃう図書館があるからね。それって図書館がいかにも図書館らしい仕事ができる点なのにもったいないなって思うわけ。だから僕はそういった特集が組まれたものや増刊は漏れのないように集めているわけよ。

『文藝春秋デラックス
～オールドカーからスーパーカーまで～』
（文藝春秋）,1977 年.

I　はい、あのコーナーはいいなぁって見ていました。一般的な古書店だと雑誌タイトル優先で置かれているので、この店のように、一つのジャンルとしてまとめてあるとわかりやすいですね。『太陽』、『文藝春秋』、『PLAYBOY』、『ラピタ』など、クルマ好きには永年保存ものですよね。

U　そういっていただけると嬉しいなぁ。

I　いけない、もうこんな時間だ。お客様が見えたようですので、この辺で失礼させていただきます。長々とおしゃべりにお付き合いいただきありがとうございました。必ずまた遊びに来ます。

U　ありがとうございました。うるさい爺でごめんなさいね。

なんかとても幸せな時間でした。こだわるってことは、実は自分のためではなく、誰かのために地域のためにすることなんだって教えられた気がしました。

北浦に架かる神宮橋を潮来に向かって走っていたら、シトロエン２ＣＶとすれ違いました。直ぐにルームミラーで行き先を確認したら、水上鳥居の方向へ曲がっていきました。まるで出来過ぎの光景でしたが、きっとあの「くるまや」

『ラピタ』1997年7月
（小学館）

『PLAYBOY 増刊』
2007年２月（集英社）

に行くに違いないと思いました。２ＣＶのお尻のとても小さなウィンカーが楽しそうに光っていたものですから。

別れ際に、店主から1枚のチラシをいただきました。そこには、水郷の景色が楽しめる近くのカフェが地図付きでいくつか紹介されていました。「くるまやの帰りですとか、これからくるまやに向かいます」とカフェで言えば、なにかプレゼントがもらえるとも。

カレーが美味しいという店に寄り、プレゼントをもらい、夕刻の水郷を後にしました。

プレゼントは何かって？　それは自分で確認してください。

店主が言ってました。「本を介した地域コミュニティってものを考えていくために「くるまや」を始めたのだ」と。

寄稿

クルマ好きの
嗅覚が紡いだ
3人との縁

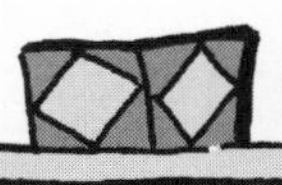

「月田さんを除き、大林さんと吉澤さんの二人と出遇うきっかけをつくったのは拙著だったようです。大林さんは『だから図書館めぐりはやめられない』（ほおずき書籍）、吉澤さんは『クルマの図書館コレクション』（郵研社）とのこと。二冊に共通しているのは、表紙に描かれたクルマの絵です。

　大林さんにしてみれば「図書館について書かれた本の表紙に、どうしてシトロエン２ＣＶが？」だったでしょうし、吉澤さんは書店で拙著を見かけ「むむ、なんだこの本は……」といった感じだったかもしれません。間違いなく言えることは、表紙にクルマが描かれていなかったら、こうはなっていなかったということです。

　そして月田さんは、塩尻市立図書館のユーザーとして、スバル３６０の情報をはじめ、たくさんのことを教えていただいた一人です。

　三人に共通しているのは本が好きでクルマが好き、ということです。そんな三人のクルマと本への偏愛ぶりを寄稿してもらいました。

クルマとハルキと図書館と

大林正智
（愛知県田原市中央図書館）

内野さんとは職場（私は公共図書館員なのです）の研修講師として来てくださったときに知り合った。研修はもちろんだが、著書『だから図書館めぐりはやめられない』（ほおずき書籍　２０１２年）（表紙に２ＣＶ！）を読んでいたので、そのお話を聞くのも楽しみだった。懇親会ではクルマとロックの話で盛り上がり、その後も仲良くさせていただくことになった。『ちょっとマニアックな図書館コレクション談義』（大学教育出版　２０１５年）では執筆者のひとりに加えてもらい、その後も共編著者として何冊かの本づくりに関わらせていただいている。

内野さんが2冊目の「クルマ本」に取りかかっている、と聞いて「楽しみだ〜、楽しみだ〜」と言っていたら、調べものの手伝いをさせてくれるという。その上、その本にちょっと書かせてくれる、と！

というわけで、調子に乗ってクルマと小説についてのバカ話を一席。

村上春樹（以下「ハルキ」）の小説『1973年のピンボール』（講談社1980年）に「すぐにラジエーターが故障するフォルクス・ワーゲン」が登場することは、ハルキ読者にとってはまずまず知られた事実ではないか、と思う。小説で描かれただけならば（一部のクルマ好き以外の読者には読み流され）さほどではなかったのでは、と想像するが、ハルキ自身がエッセイで「間違い」を認めたことで、かえって人の記憶に残ることになった。そのエッセイとは『週刊朝日』に掲載され、後に単行本『村上朝日堂の逆襲』（安西水丸との共著朝日新聞社　1986年）に収録された、「間違いについて」というものだ。

その中で「フォルクスワーゲンのラジエーターという表現はおかしいのではないか」と指摘を受けたことについて、このように書いている。

「僕は自動車のことはよく知らないのだけれど、人にきいてみるとたしかにＶＷビートルにはラジエーターはないらしい。間違いである」

そしてさらにこう続ける。

「小説の世界にあっては火星人が空を飛んでも、象が縮んで手のひらにのっても、ＶＷビートルにラジエーターがついていても、ベートーヴェンが第十一番交響曲を作曲していても、それは一向に差し支えないのである。逆の言い方をすれば『あ、そうか、これはＶＷビートルにラジエーターがついている世界の物語なんだ！』と思って小説を読んでいただけると、僕はとても嬉しいです」

これはちょっと自分の間違いに対する弁解、強弁（？）と取れなくもないけれど、エッセイの最後を、英訳版で訂正したという記述でしめているので、どちらかというと軽い冗談と解釈するのが妥当なところだろう。「間違えちゃった、でもまあいいじゃない」というような。

そして英語版だけでなく、日本語のものについても修正がかかることになる。手元にある文庫本で確認すると、

昭和62年7月3日第12刷発行（第1刷は昭和58年）のものでは

「すぐにラジエーターが故障するフォルクス・ワーゲン」

新デザインになった2017年2月7日第38刷発行（第1刷2004年）のものでは

「すぐにエンジンが故障するフォルクス・ワーゲン」

である。ラジエーターをエンジンに置き換えたということだ。

これはどうももったいないような気がして仕方がない。ハルキの小説では、我々の住む世界では起こらないことがしばしば起こる。しかし表面上は我々の世界によく似ている。似ていながらもどこかが違っている。そのような世界の在り方を理解するために「すぐにラジエーターが故障するフォルクス・ワーゲン」という例はちょうどよいのだ。

表面上は我々が知っているフォルクスワーゲンのタイプ1（ビートル）だが、実は水冷式のエンジンを載せた「フォルクス・ワーゲン」が走っている、そんな世界を小説は描いている、ということだ。「すぐにエンジンが故障する」ではそんな想像力を膨らませる余地が削られてしまう。

ここで確認しておくと、我々の世界でかつてビートル（タイプ1）やカルマンギアを作っていた自動車メーカーは「フォルクスワーゲン」である。「フォルクス・ワーゲン」ではない。これも実は単なる間違いではなく、そういう世界を描いているのだ、とかなり本気で思わせられてしまう。ハルキ・マジックという他ない。

短編「ドライブ・マイ・カー」（『女のいない男たち』（文藝春秋　２０１４年）収録）で重要な役割を果たすのは「サーブ９００コンバーチブル」である。クルマ好きの方、もしくは勘のいい読者なら、筆者のハルキ風つぶやきが聞こえたかもしれない、「やれやれ」と。

我々の住む世界では、幌型（と車検証に記載される）のサーブの９００は「９００カブリオレ」であって「９００コンバーチブル」ではない。しかし先ほどから書いている通り、これは小説の世界での名称だ。「サーブ９００コンバーチブル」というクルマが存在する世界の話なのだ、と思うしかない。ではなぜ「カブリオレ」でなく「コンバーチブル」でなければならなかったのか。

「カブリオレ」(cabriolet) とはフランス語で、もともと折りたたみ式の幌を備えた馬車のことだ。そこから現在のオープンカー（これは和製英語）のこことを指すようになった。

一方「コンバーチブル」(convertible) は英語。変える (convert) ことができる、の意。オープンカーにもなるし、屋根付きのクルマにもなる、ということだ。

この違いは、小説世界を構築する上で何か意味があるものなのだろうか？

小説を読んでみる。俳優の家福は、接触事故を起こし免停になった。緑内障の兆候があり、事務所から運転を禁止され、専属の運転手を探すことになる。修理工場から紹介されたのは若い女性ドライバー、渡利みさき。12年間自分で運転し続けたそのサーブ（色は亡くなった妻が選んだ黄色）のハンドルを、家福は彼女に任せることにする、というストーリー。

俳優になった理由を問われて家福は答える。

「演技をしていると、自分以外のものになることができる。そしてそれが終わると、また自分自身に戻れる。それが嬉しかった」と。しかし一度自己を離れ、戻ってきたところは正確に前と同じ場所ではないと気づく。

そんな登場人物にふさわしいのは、「幌付き馬車」ではなく、やはり「変えることができる」コンバーチブルだろう。そのコンバーチブルはマスタングやカマロではない、やはりサーブでなければならない。この小説世界に、我々の住む世界にはない「サーブ９００コンバーチブル」が生まれたのはそういうわけなのではないか、と思えてくるのだ。

そんなふうに変身して小説世界に不可欠の要素となるクルマが、この世界に存在することは、まったくもって楽しいことだし、そんな小説に出会えるのもまた幸福なことだ。

そういう小説が読めるのだったら、少々の間違いは見過ごしたっていい。何なら「すぐにハイドロニューマチックサスペンションが故障する２ＣＶ」が登場したって構わない、いや歓迎したい、というものだ。

さて、図書館員的なオチをつけて終わりにしたい。『１９７３年のピンボール』が、最初はどんなカタチをした小説だったのか、現在手に取ることのできるバージョンではどうか。単行本と文庫本の違いはどうか。また「ドライブ・マイ・カー」の雑誌初出時と単行本ではどんなふうに違っているか、図書館で調べることができる。そんな図書館の機能を引き出すことのできる村上春樹は、優れて図書館的な作家と言うことができるのではないだろうか。「図書館奇譚」なんて作品もあることだしね（これがまた複数バージョンあって……以下略）。

本とクルマと私と

吉澤敏明

私は「本」と「クルマ」が好きだ。

ごくごく平凡な存在である私が、人に誇れることがあるとしたら人より（多少）多くの本を読んできたことと、クルマが好きで人があまり乗らないクルマを乗り継いできたことぐらいだと思っている。

最初に私の素性を少々説明しておく。私は図書館員でも図書館関係者でもない。図書館とは全く無縁の素人である。とある自動車部品メーカーの品質管理部門に28年勤めていた。品質管理部門という仕事柄、自動車業界の良い面、悪い面を長年見てきたが、色々あって数年前に退職した。今の肩書きは？と聞かれたら「エンジニア崩れ」だろうか。

私は「本」が好きだ。

小学生の頃から本を読むのが好きだった。クラスでは、勿論、図書係。今でも三日に一度は書店に足を運ぶ。インターネット経由で本を買うことも多くなったが、基本的にはリアル店舗が好きだ。特に買うものが無くてもブラブラと馴染みの本屋で時間を潰すことを無上の喜びとしている。SF、推理、冒険モノ、自動車・バイク関連を中心に乱読するのが得意である。目下の悩みはリアル店舗が減っていること。このまま行くとリアルな本屋はテーマパークの中にしか存在しなくなるのではと本気に思っている。

私は「クルマ」が好きだ。

約30年間の愛車遍歴は、マツダのＲＸ－７（ＦＣ：ＧＴ－Ｘ）に始まって、アンフィニＲＸ－７（ＦＤ２型：タイプＲⅡ）、２年のブランクをはさんでＲＸ－８（初期型：タイプＳ）、ＲＸ－８（最終型：スピリットＲ）とスポーツカーしかもロータリーエンジン（更にすべてＭＴ車）を乗り継いできた。要するに変わり者だ。現在はというと数年前に「人生最後のクルマ（非ロータリーエンジン車）」に出遇ってしまったので、それが現在の愛車である。

そして、私は内野先生に出会った。

ある日、いつもようにいつもの本屋に行き、自動車雑誌のコーナーに足を向けたところポツンと一冊だけ置かれている本が目に飛び込んできた。

『クルマの図書館コレクション／内野安彦』

表紙はかわいらしくもマニアックなクルマのイラスト。作者は初見。私は中身を確認することなくそれを購入した。自宅に帰って読んでみるとこれが私の感性にピッタリとあった内容で、すぐさまＳＮＳで紹介したところ、ご本人から「いいね」をいただいたのが内野先生と出会うきっかけとなった。

２０１７年5月に大磯町立図書館で行なわれた、今や伝説（！）として語り継がれる講演会「図書館で覗くクルマの世界」で初めて〝実物〟の内野先生にお会いすることができた。大磯町は大学時代に過ごした場所で土地勘もあったので、軽い気持ちで住処である静岡からクルマで参加したのであったが、参加者の皆さんにしてみると「遠路はるばる陸路をやってきた」というふうに見えたらしい。その後も都内で開催された講演会などにも参加させていただくことができた。内野先生や講演会でお会いした図書館の皆さんにとっては、図書館関係者でないズブの素人の私の反応やコメントが新鮮であったのと、内野先生にしてみるとクルマ好きとしての波動が共鳴したのではないかと思っている。

こんな私にとっての「本」と「クルマ」については、こんな考えを持っている。

本を読んでいる時、それがフィクションであってもノンフィクションでも「本を読む」という行為の中には作者の書いた物語を疑似体験するということが含まれているのだと思う。そこには現実としての「リアルな自分」はいない。

本というものは自分の頭の中で物語を再生することで何度でも疑似体験が可能なものなのだと思っている。私がSFや冒険物を好むのは、「現実からの逃避が大きい」からかもしれない。

一方「クルマ」である。「クルマを運転する」ということは一見リアルな体験のように思われる。しかしながら、1・5トンを優に超える鉄の塊を生身の数十倍以上のパワーで動かしているわけでとても現実とは思えない。

クルマの運転とは、いわば自分の身体を拡張し、本来、生身の自分では体験できないことをクルマという鎧を着ることで疑似体験しているのだと思う。ここでも「リアルな自分」がいない。本を読むこと同様、私がスポーツカーを好んで乗り継いできたのは、やはり「現実からの逃避が大きい」せいかもしれない。

こんな風に私は「本」と「クルマ」の間には非日常の疑似体験という共通項があるのではと思っている。


最後に図書館員の方々にひとつ。

内野先生の講演会等で皆さんにお会いして感じるのは、皆さんが真面目過ぎるということだ。特に女性陣にはそれを強く感じる。皆さんと話していると、恐らく小さい頃から真面目な子どもで（本が好きで）、しっかり勉強して大人になって本の専門家になったのだなということは間違いない。しかし、良くも悪くも真面目すぎて面白みがないのだ。「本」以外の世界（例えば、クルマとか昭和プロレスとかロックンロールとか映画とか）を知って良い意味でもっと不真面目になっていいと思う。

最後の最後にもうひとつ。

「人生最後のクルマ（ＢＭＷ　Ｍ２３５ｉ：直列６気筒ターボ）」を見つけてしまった私にとって、次の愛車のことについて「今度も仏車にしようか、それともイタ車がいいかな、いやいや今回はチョイ古国産車でいこうか」と嬉々として話される内野先生を大変羨ましく、また、少々憎らしく思っているのである。

本とミニカーとレコードと共に70年…

月田　裕

私は　この本に登場のミニカー達を所有しておりまして　恥ずかしながら素人撮影をした　老人マーク付きの黄色のフォルクスワーゲン・ポロをこよなく愛して乗り回す　一人の定年退職者です。
実物の車はわずかに2台だけなのですが　ミニカーでは軽トラから始まりロールスロイス、フェラーリ、ポルシェ、ランボルギーニ、ブガッテイまで…多分一万台以上……戦車モデルも５００輌以上　戦闘機モデルは１００機以上　軍艦モデルも１００隻以上と共同生活しております。ただの模型狂老人です。はっはっは！
ところで月田という苗字は東京でもあまり多くなく　多分30軒位だと思います。長野県でも同姓の人に出会ったことはありません。　ひょっとしたら県内では　我が家だけなのかもしれません。
有名人も少ないですし　本当に悪いことができませんね。
昔の私の自慢は　白黒テレビドラマ時代での名作〝忍者部隊月光〟の隊長が月田光一という名前でした。みんな知らないでしょうね。
もしこの忍者部隊月光の名前を　あなたがご存知でしたら　一緒に焼き鳥と焼酎が楽しめると思います。友達になれそうです　きっと。
私は東京の　山の手の育ちなのですが　大学紛争時代の日大芸術学部を卒業して　すぐ長野県の諏訪に就職しましたので　信州人として生活は　もうすぐに50年となります。
思えば　内野さんとの最初の出会いも　本当に突然の不思議な始まりでした。
両親が共に絵描き。といっても絵画では生活できないので　雑誌などの挿絵画家でありました。狭い東京の我が家は　あふれるほどの本と雑誌の山　そし

て　仕事柄　毎月のように多くの本……雑誌が送られてきて　生まれながら私は　活字中毒一家の中で育ちました。
生まれついての本好き　おまけに運動音痴の私にとって　小学校生の時から教室よりも　運動場よりも　図書館が大好きでした。
もちろん　塩尻の生活となっても同様でした。
そして我が町　塩尻に新しい図書館ができる！　それも　建築中の様子を見行くと　まるでマンハッタンの街あるようにカッコイイビル!!
そしてある日の新聞記事を読んで　また　よりびっくりさせられました!!
開館のイベントに　今村画伯のくるまのイラスト展が　企画されているとのこと。
今村画伯とは　残念ながら近年亡くなられてしまいましたが　この長野県の車山高原のフレンチブルーイベントなどで　この世界では高名な方です。
その作品は　シトロエンと可愛いロボット達が飛び回る　メルヘンチックな絵で有名な方であります。
かなり昔　まだまだ今村さんがまったく無名の時代　カーグラフィック誌上

にて紹介されていました。私も興味を持ち通販にて今村さんの画集を購入しておりました……

これは　きっと図書館のだれかが　私と同類のエンスーの　おまけにかなり危ない趣味人がいるに違いない……わたしのどこかでピンとひらめきました。

完成した新しい図書館をのぞいてみると　なんと明るくすばらしい……スペースも十分……ここで何かやってみたいなあ

そうだ　ここで私も　開館イベントに　突然の勝手に企画参加をしてみたらどうだろう??

今思えばあまりにも無謀でしたが　その場にいらした職員にそこらのメモ用紙に　走り書きをして手渡ししてしまった。

困ったような職員の顔……慌ててどこかへ行かれました。

こりゃあ　クレーマーの変態老人扱いされるかなと思い　どのように逃げるか思案していると

しばらくして職員と共に奥から出ていらしたのが内野さんだったのです。おや　これは……本当に　お役人なのかしら……

最初に出会った瞬間　この人とは会話ができそうだな　何の根拠なく　私と同じ怪しい趣味人の香りを感じたのです。
私も　サラリーマン時代　様々な人にプレゼンの経験をしていますので　この人には　すぐに直球での強くアッピールせねばと思い。思いのたけぶつけました。
ポイントは二つ　絵のみでは寂しいので　２ＣＶをふくめたシトロエンのミニカー達　そして日本からは名車スバル３６０のミニカー達を展示したいのです。
なぜなら　ここ塩尻は　あまり有名でないのですが　スバル３６０開発者の百瀬晋六さんは　塩尻市の出身で旧松本中学から東大航空から　旧中島飛行機製作所に入社された方だったからです。
戦後　飛行機開発が禁止されて　大空への夢を　違う世界で　大きく膨らませたところは　どこか　本田宗一郎・宮崎駿・井深大さんと通じると思うのは私だけでしょうか。
私は　スバル３６０に限りなく憧れを持つのは　最初に自動車にあこがれた

のは　この可愛いてんとう虫と出会ったからです。
この長野のスーパーエンジニア百瀬晋六さんの名前を　塩尻市の人々にはぜひ知ってもらいたかったからです。
スバル３６０は　私が小学生の時あこがれた車です。当時の軽自動車の価格は年収の数倍もして普通の人には夢の乗り物でした。今ならフェラーリ位の価値だと思います。本当ですよ。
定年退職後　しばらくの間　スバルの黄色の軽自動車Ｒ１に乗ったのは　小学生の時のあこがれの続きだったのです。
つぎに　内野さんの書かれた本に　中尾充夫さんの本について書かれたページがありました。中尾さんは　あの三菱自動車の常務・自動車史研究家で　どうやら自費出版のような内容の本でした。その本をわたしが所有していたのです。これも今村さんの本と同様に　カーグラフィック誌上でみて　直接通販にて購入したのです。今と違ってネット通販などない時代です。地方都市に住む者は　コアでマニアックな物の入手には　大変な苦労した時代です。その本が書棚からぶつぶつとつぶやいた声を　私は聞いたのです。

ミニカーの洪水　本のヒマラヤ山脈　レコード・CDの海原の中で　中尾さんの　本からの声でした。『ご主人様　私を内野様のところへ連れていって！』これは　本当のことです。……本に限らず　一番愛してくれる人の側にいるのが　幸せ！

内野さんは　単なるクルマ好きでなく　自動車の本に関しても専門家なので　この本は　私の手元より　ずっと読みこなしてくれそうと思いました。それで　ちょうど　塩尻に見えられたときに失礼とは思いつつ　手渡すことができました。

そして最後に　とっておきの凄い話!!　テレビに映った私の全裸の姿を見られた話です。

近所のスーパー銭湯の露天風呂に入浴した時です。やけにすいていたのですが　なんとテレビカメラが準備されていて　その為に　誰も入っていなかったのです。ちょうどバレンタインデーで　甘い香りのチョコの露天風呂だったのです。

地元のケーブルテレビ局だし　眼鏡とっているし　誰も気づかないだろうと

ポーズをとりつつ私は露天風呂につかったのです。
なんと　その後　これが　松本のローカルケーブルテレビ局からフジテレビの全国ネットに流れ　内野さんにみられてしまったのです。しかし　眼鏡はずした私を　どうしてわかったのかは今でも謎です。
このように　数々の不思議な縁のある　内野さんですが　今回　ほんの少しですが著作に協力出来たことは　なによりも私の愛するミニカー達が　一番に喜んでくれていると思います。
思えば会社生活の中で　時計デザイナーとしての仕事の中でも　数々の忘れない出来事に出会ってきました。……大好きなミッキーマウスとの仕事　そして鈴鹿でのＦ１の仕事……重い鞄を持って　世界中を飛び回った日々……辛かった事はすべて忘れ　楽しい事だけを記憶している方が良いと思うようになりました。
会社員としては　平のままで終わりましたが　本当に面白い仕事をやってきました。今思えば　棚のミニカーを見ると　フェラーリは無理でもポルシェ位は　これで購入できたのかな　と思うこともありますが。でも私の腕では　ポ

ロに乗って　フェラーリのミニカーを見ているのが一番ふさわしいと思います。
本当にこのミニカー達のおかげで　数多くの人と知り合うことができました。
内野さんも　その一人です。
信州にて　散歩　ラジオ　ドライブ　ミニカー　ジャズ　本　そしてなによ
りも妻を愛する　心の中での師匠は植草甚一……
そんな男が　月田　裕です。

クルマ学上級試験③

Q６　テレビドラマの「刑事コロンボ」といえば、ロサンゼルス市警殺人課の警部補。舞台はアメリカでも、彼の愛車は１９５９年式のプジョー４０３コンバーチブル。このドラマに登場するクルマはほとんどアメ車ですが、１回だけフランス車が登場したことがあります。それは何でしょう？

シトロエンＳＭ　　　ルノー４

Q７　クルマのブランドを表すカーバッジ（ロゴ、エンブレム）で、最も多くデザインされている伝説の生き物は何でしょうか？

ペーガスス（ペーガソス）
ドラゴン

＊回答は、巻末233ページ

クルマ学上級試験　回答

Q１　聖クリストファー
Q２　左フロントフェンダーの内側
Q３　トライアンフTR２
Q４　リア
Q５　奥田民生
Q６　シトロエンSM
Q７　ドラゴン

クルマ学上級試験いかがでしたか？　問題は全問『トヨタ博物館紀要』を参照したものです。「紀要」と聞くと、研究論文なんて難しいし読みにくいと敬遠されがちですが、クルマ好きにとって、こんな楽しい読み物はありません。機会があったらぜひ読んでみてください。

Q1　藤井麻希「当館のカーマスコットコレクションについて」『トヨタ博物館紀要』No.7,2001年.

Q2　山田耕二「スペアタイヤ・ロケーション」『トヨタ博物館紀要』No.3,1996年.

Q3　山田耕二「マンガとクルマ」『トヨタ博物館紀要』No.16,2010年.

Q4　山田耕二「マンガとクルマ」『トヨタ博物館紀要』No.16,2010年.

Q5　西川稔「流行歌・歌謡曲・に登場するクルマの研究」『トヨタ博物館紀要』No.9,2003年.

Q6　山田耕二「配役されるクルマ−「刑事コロンボ」の場合」『トヨタ博物館紀要』No.14,2008年.

Q7　平田雅己「開館25周年記念企画「裏」展カーバッジ展示について」『トヨタ博物館紀要』No.21,2015年.

おわりに

車歴を伺って、この人は相当なクルマ好きだなと感心し、「ちなみにこんな本をご存知ですか？」と尋ねると、意外と「知りません」という答えが返ってきます。私が市職員として公共図書館に14年間勤務していたこともあり、クルマ好きの偏差値（過去の車歴など）では到底かなわないマニアであっても、本に関して言えば、私に多少のアドバンテージがあることを気付かされ、それならばもっとたくさんの方に知ってもらいたい、という思いが端緒となったのが本書です。

郵研社から上梓した『クルマの図書館コレクション』は、図書館の世界を外部の方に知っていただきたく書いたものでした。と同時に、図書館員にもメッセージを込めたつもりでしたが、タイトルに「クルマ」と入れたのが災いしたのか、図書館員にはあまり関心を持たれなかった感が否めません。

次作はないものと諦念（ていねん）していたのですが、郵研社の登坂社長が背中を押してくれ、続編というのか、兄弟本というのか、「クルマと図書館」を絡めた本が再び出来上がりました。

図書館員が図書館に関する本を上梓することすら稀有な現状にあって、一度ならずも二度も好きな世界のことを図書館と絡めて書けるなんて本当にありがたいことです。

本当なら、クルマならクルマだけで書きたいところですが、私の筆力では叶いそうもありません。前作『クルマの図書館コレクション』は、タイトルの意味しているところが不明瞭との声もいただきました。言われればもっともかもしれません。二兎を追うもの一兎も得ずの諺（ことわざ）どおり、クルマ好きと図書館員という別々の世界の住人に本を届けようとしたことが無理だったのかもしれません。

そういう経験がありながらも、本書も同様の失敗を再度しかねないタイトルとなってしまったかもしれません。相変わらず学習していないな、とのご批判は甘受する覚悟です。図書館もクルマも両方好きなので、ここはどうしても譲れなかったのです。

本書を上梓するにあたり、３人の方に協力いただきました。まず、月田裕さん（塩尻市）にはご自身の1万台を超えるミニカーコレクションから写真をご提供いただくとともに、カバーのイラストも描いてもらいました。大林正智さん（愛知県田原市図書館）には取材のサポートや校閲の協力をいただきました。吉澤敏明さん（静岡県御前崎市）にはクルマの車種が特定できないときに調べていただくなど協力をいただきました。この場を借りてお礼申し上げます。

２０２０年1月吉日

内野　安彦

内野安彦（うちの　やすひこ）

1956年 茨城県に生まれる。1979年鹿島町役場（現鹿嶋市役所）入所。2007年3月退職。同年4月に塩尻市役所に入所。図書館長として新館開館準備を指揮。2010年7月に新館開館。2012年3月退職。現在、立教大学兼任講師、同志社大学嘱託講師を務める。

筑波大学大学院図書館情報メディア研究科博士後期課程中退。

著書に、『だから図書館めぐりはやめられない』『塩尻の新図書館を創った人たち』『図書館はラビリンス』『図書館長論の試み』『図書館制度・経営論』『ちょっとマニアックな図書館コレクション談義』『図書館はまちのたからもの』『ラジオと地域と図書館と』『クルマの図書館コレクション』『スローライフの停留所』等。

クルマの本箱（ほんばこ）　～絵本からミニカーまで～

2020年2月10日　初版発行

著　者　内野　安彦　
発行者　登坂　和雄
発行所　株式会社　郵研社
〒106-0041　東京都港区麻布台3-4-11
電話（03）3584-0878　FAX（03）3584-0797
ホームページ http://www.yukensha.co.jp
印　刷　モリモト印刷株式会社

ISBN978-4-907126-33-9　C0095
2020 Printed in Japan
乱丁・落丁本はお取り替えいたします。